全国高等院校应用型创新规划教材·计算机系列

C 语言程序设计基础

李绍华　刁建华　李　敏　主　编

赵　静　关菁华　副主编

U0249247

清华大学出版社
北京

内 容 简 介

C 语言是当今国际上广泛流行的、最具发展前途的程序设计语言之一，本书讲解 C 语言程序设计的基础知识及其编程技巧。全书共分 11 章，包括绪论，基本数据类型，选择结构，循环结构，数组，函数，编译预处理，指针，结构体、共用体和枚举类型，指向结构体的指针与链表，文件等内容，同时每章包含丰富的课后习题。书中示例侧重实用性和启发性，趣味性强，通俗易懂，使读者能够快速掌握 C 语言的基础知识与编程技巧，为实战应用打下坚实的基础。

本书由浅入深，采用多案例教学，强调应用性和实践性，可作为应用型本科、高职院校各专业学生学习 C 语言程序设计的教材，也可供计算机等级考试者和其他各类学习者使用参考，还可作为软件开发人员的参考用书。

图书在版编目(CIP)数据

C 语言程序设计基础/李绍华，刁建华，李敏主编. —北京：清华大学出版社，2018(2024.7 重印)
(全国高等院校应用型创新规划教材·计算机系列)
ISBN 978-7-302-50448-1

Ⅰ. ①C… Ⅱ. ①李… ②刁… ③李… Ⅲ. ①C 语言—程序设计—教材 Ⅳ. ①TP312.8

中国版本图书馆 CIP 数据核字(2018)第 128334 号

责任编辑：姚　娜　陈立静
封面设计：李　坤
责任校对：李玉茹
责任印制：宋　林
出版发行：清华大学出版社
　　　　网　　　址：https://www.tup.com.cn, https://www.wqxuetang.com
　　　　地　　　址：北京清华大学学研大厦 A 座　　　　邮　　编：100084
　　　　社 总 机：010-83470000　　　　　　　　　　邮　　购：010-62786544
　　　　投稿与读者服务：010-62776969, c-service@tup.tsinghua.edu.cn
　　　　质量反馈：010-62772015, zhiliang@tup.tsinghua.edu.cn
　　　　课件下载：https://www.tup.com.cn, 010-62791865
印 装 者：三河市铭诚印务有限公司
经　　销：全国新华书店
开　　本：185mm×260mm　　印　张：19.75　　字　数：480 千字
版　　次：2018 年 10 月第 1 版　　　　　印　次：2024 年 7 月第 8 次印刷
定　　价：56.00 元

产品编号：079214-03

  C 语言程序设计是高等学校计算机相关专业的编程入门基础课程，在计算机教学中起到非常重要的作用。C 语言是一门面向过程的编程语言。从 C 语言产生到现在，它已经成为最重要和最流行的编程语言之一。在各种流行的编程语言中，都能看到 C 语言的影子，如 Java、C#的语法与 C 语言基本相同。掌握 C 语言是每一名计算机技术人员的基本技能之一。

  C 语言既具有高级语言的强大功能，又有很多直接操作计算机硬件的功能(这些都是汇编语言的功能)，因此，C 语言通常被称为中级语言。学习和掌握 C 语言，既可以增进对计算机底层工作机制的了解，又能为进一步学习其他高级语言打下坚实的基础。

  本书共分为 11 章，以培养 C 语言应用能力为主线，介绍了 C 语言的基本概念、语法规则和利用 C 语言进行程序设计的方法。第 1 章重点介绍 C 语言的特点、基本结构、输入输出语句，以及 C 程序的编辑、编译和运行方法等。第 2 章重点介绍 C 语言的基本数据类型、表示方法和存储格式，C 语言变量的定义和赋值、不同数据类型间的类型转换，以及 C 语言中常用运算符的功能、使用方法、结合性和优先级等。第 3 章重点介绍程序设计的一般方法、结构化程序设计思想以及 C 语言的顺序结构和选择结构的实现方法。第 4 章重点介绍 C 语言的 3 种循环结构，即 while 语句、do-while 语句和 for 语句，循环结构中常用语句 break 和 continue 的使用方法，以及循环语句的嵌套。第 5 章重点介绍 C 语言中数组的定义和使用、字符数组的定义和使用，以及常用字符串函数。第 6 章重点介绍模块化编程思想、C 语言函数的定义和调用、函数的嵌套调用和递归调用。第 7 章重点介绍编译预处理的相关概念、宏定义的创建和使用。第 8 章重点介绍指针与指针变量的概念、指针的基本运算、指针与数组的运算、指针与函数的使用。第 9 章重点介绍 C 语言中结构体类型、共用体类型和枚举类型的定义和使用。第 10 章重点介绍 C 语言中指向结构体变量和结构体数组的指针变量的使用，结构体指针变量作为函数参数的使用，动态存储分配以及链表的概念和基本操作。第 11 章重点介绍 C 语言文件的基本类型和相关操作。

  本书由李绍华、刁建华、李敏担任主编，赵静、关菁华担任副主编。第 1 章、第 6 章及第 8 章由李绍华编写，第 3 章和第 4 章由刁建华编写，第 2 章和第 7 章由李敏编写，第 5 章和第 9 章由赵静编写，第 10 章和第 11 章由关菁华编写，全书由李绍华、刁建华、李敏负责统稿。

  本书在编写过程中，得到了大连外国语大学软件学院祁瑞华教授以及任课教师的大力支持，王语涵同学参与了本书的文字校验工作，在此表示衷心感谢。

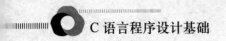

本书的出版得到了大连外国语大学校级教学改革研究重点项目(2017Z16)、大连外国语大学 2017 年度高等教育研究课题(2017G18)、教育部 2017 年第二批产学合作协同育人项目(201702012001、201702012005)的资助。

本教材示例的源程序以及电子教案可以在清华大学出版社网站上免费下载，以供读者和教学使用。

尽管编者力求完美，但由于水平有限，书中难免会出现一些疏漏，希望此领域的专家和广大读者批评指正。

编 者

教师资源服务

目录

第 1 章

绪　　论

本章主要介绍 C 语言的特点、基本结构、基本输入输出语句、C 程序的开发过程等。

学习目标

本章要求了解 C 语言的特点，掌握 C 语言程序的基本结构，掌握输入输出函数 scanf 和 printf，熟悉 C 语言编程环境，理解 C 程序的编辑、编译、调试和运行过程。

本章要点

- C 语言的历史
- C 语言的特点
- C 语言的结构
- 输入输出库函数的使用
- C 程序的开发过程

1.1 C 语言的历史

1.1.1 计算机语言的发展

语言(Language)是信息交流的工具和手段，可以分为**人类语言(Human Language)**和**计算机语言(Computer Language)**两大类。

(1) **人类语言**是人与人之间进行沟通表达的方式，如阿拉伯语、意大利语、英语、汉语、日语和法语等。

(2) **计算机语言**是人和计算机进行交流信息时都能识别的语言，如机器语言、汇编语言、C 语言、Java 语言和 C#等。计算机语言发展阶段如图 1.1 所示。

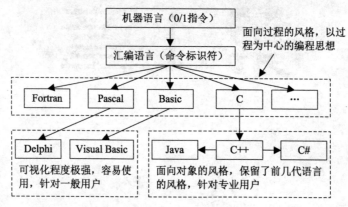

图 1.1 计算机语言发展阶段

1.1.2 C 语言的发展

C 语言是当今国际上广泛流行的、具有发展前途的程序设计语言之一。C 语言具有可移植性好、硬件控制能力强的特点，并具备很强的表达和数据处理能力，因此适用于设计系统软件，开发图形处理、数据分析和数值计算等应用程序。TIOBE 编程语言社区发布的 2017 年 7 月编程语言排行榜中，Java、C、C++、Python 和 C#依次位于榜单的前五名。

C 语言是由贝尔实验室的 D.M.Ritchie 于 1972 年在 B 语言的基础上设计出来的，早期主要用于描述和实现 UNIX 操作系统。后来经过多次改进，1977 年出现了不依赖于具体机器的可移植 C 语言编译程序，使得 C 语言移植到其他机器时所做的工作大大简化，也推动了 UNIX 操作系统迅速地在各种计算机上实现。随着 UNIX 的日益广泛使用，C 语言也迅速得到推广，并最终成为世界上应用最为广泛的计算机语言之一。1983 年，美国国家标准化协会(American National Standards Institute，ANSI)制定了 C 语言标准，即 ANSI C 标准。1989 年，ANSI 公布 C 语言标准 C89。1990 年，国际标准化组织(International Organization for Standardization，ISO)接受 C89 作为国际标准，即 ISO/IEC 9899:1990。1999 年，ISO 又对 C 语言标准进行了修订，在基本保留原来 C 语言特征的基础上，针对应用的需要，增加了一些功能，命名为 C99。

本书的叙述以 C99 标准为依据，书中程序都可以在目前主流的编译系统(如 VC++ 6.0、Turbo C++ 3.0)上编译和运行。

1.2　C 语言的特点

在计算机编程领域中，有大量的高级语言可供选择，但仍然有大量的专业程序员、非计算机专业的技术人员以及计算机爱好者在使用 C 语言。C 语言具有如此强大的生命力，基于它具备以下特点。

1. 数据类型丰富

C 语言除具有基本数据类型，如整型(int)、实型(float 和 double)和字符型(char)外，还有指针类型、结构体类型和共用体类型等多种数据类型。利用这些数据类型可以实现复杂的数据结构，如堆栈、队列和链表等。

2. 可移植性好

这意味着为一种计算机系统编写的 C 语言程序，可以在其他系统中编译并运行，而只需做少量的修改，甚至无须修改。例如，在使用 Windows 操作系统的计算机上编写的 C 程序，可以不必修改或只做少量修改，就可成功移植到使用 UNIX 操作系统的计算机上。

3. 具有结构化的控制语句

C 语言是完全结构化和模块化的语言，使用顺序结构、选择结构和循环结构语句控制程序的执行，用函数作为程序的模块单位，便于实现程序的模块化。

4. 生成的目标代码质量高

代码质量是指程序经编译后生成的目标程序在运行速度和存储空间上开销的大小。一般而言，运行速度越高，占用的存储空间越少，则代码质量越高。C 语言允许直接访问物理地址，直接对硬件进行操作，因此既具有高级语言的功能，又具有低级语言的许多功能。

1.3　C 程序的结构

1.3.1　简单的 C 程序

例 1.1　在屏幕上显示一句话"欢迎学习 C 语言"。

【代码】

```
#include <stdio.h>
int main()                        /* 定义主函数 */
{
```

```
    printf("欢迎学习 C 语言\n");    /* 在屏幕上输出 "欢迎学习 C 语言" */
    return 0;
}
```

【运行结果】

欢迎学习 C 语言

说明：

- 该程序的功能是在屏幕上显示 "欢迎学习 C 语言"。
- printf 函数的功能是把要输出的内容送到屏幕上显示，其中 "\n" 表示输出后光标移至下一行。
- 程序用到输出函数 printf，要求在程序中包含标准输入输出头文件 stdio.h(standard input output.header)，使用 include 包含命令，用于将指定头文件嵌入源文件中。
- main 是主函数的函数名，表示这是一个主函数。每一个 C 源程序都必须有且只能有一个主函数(main 函数)。
- 主函数的内容要用大括号{}括起来，代表程序块的边界。
- 语句以分号 ";" 结束。
- /* …… */表示注释部分，方便程序阅读理解，在程序编译和运行时不起作用。
- 代码中出现的所有标点符号，均为半角英文符号。
- C 语言的标识符是严格区分大小写的。

例 1.2　求一个整数的平方。
【代码】

```
#include <stdio.h>                    /* 包含标准输入输出头文件 */
int main()                           /* 定义主函数 */
{
    int a,b;                         /* 定义整型变量 a、b */
    a=5;                             /* 给变量 a 赋值 */
    b=a*a;                           /* 令 b=a*a */
    printf("%d 的平方为%d.\n",a,b);
    return 0;
}
```

【运行结果】

5 的平方为 25.

说明：

- 该程序的功能是求一个整数的平方，并输出。
- %d 是输入输出的 "数据格式说明"，用来指定输入输出时的数据类型和格式，%d 表示 "十进制整数类型"。
- printf 函数括号内右端的 a 和 b 代表要输出的两个变量。

例 1.3　输入两个数，输出其中较大数。

【代码】

```
#include <stdio.h>
int max(int x,int y)                    /* 定义求x、y的较大数的函数max */
{
    int z;                              /* 定义整型变量z */
    if(x>y)                             /* 如果x大于y，则z等于x */
    {
        z=x;
    }
    else                                /* 否则z等于y */
    {
        z=y;
    }
    return z;                           /* max函数的返回值为z的值 */
}
int main()                              /* 定义主函数 */
{
    int a,b,c;                          /* 定义整型变量a、b、c */
    printf("Please input two number :\n");      /* 屏幕出现的提示信息 */
    scanf("%d,%d",&a,&b);               /* 从键盘输入a、b */
    c=max(a,b);                         /* 调用max函数，将返回值赋给c */
    printf("%d,%d,the max is %d.\n",a,b,c);  /* 输出a、b值和a、b的较大值c */
    return 0;
}
```

【运行结果】

```
Please input two number :
6,10↙
6,10,the max is 10.
```

📖 说明：

● 该程序的功能是输入两个整数，输出其中的较大数。

● scanf 函数的功能是使用标准输入设备输入数据。程序既用到输入函数 scanf，又用到输出函数 printf，要在程序中包含 "stdio.h" 头文件。

● 程序包含两个函数：主函数 main 和用户自定义函数 max。

● 主函数 main 的内容要用大括号{}括起来，代表 main 函数程序块的边界。

● 用户自定义函数 max 的内容要用大括号{}括起来，代表 max 函数程序块的边界。

● 用户自定义函数 max 中的 if 和 else 语句的大括号{}，分别代表 if 和 else 程序块的边界。

● 用户自定义函数 max 中用 if 和 else 语句实现 z 等于 x、y 的较大值，return 语句表示 max 函数的返回值为 z 的值。

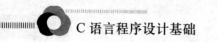

1.3.2　C 程序的基本结构

C 程序是由函数构成的，每个函数的内容用"{ }"括起来。一个 C 程序有且仅有一个 main 函数，但可以有若干个其他函数。例 1.1 和例 1.2 由一个主函数 main 构成，例 1.3 由用户自定义函数 max 和主函数构成。使用用户自定义函数可以将程序设计模块化。C 语言的函数可以分为三大类。

第一类：**主函数**，名为 main，每个 C 源程序中必须有且仅有一个主函数，不论 main 函数在整个程序中编写位置如何，一个 C 程序总是从主函数开始执行。

第二类：**用户自定义函数**，可有可无，个数不限。

第三类：C 语言提供的**库函数**，可以直接调用，如输入输出函数 scanf 和 printf。如果程序要调用库函数，需要加入包含定义库函数的头文件。

1.3.3　C 程序的代码规范

从书写清晰，便于阅读、理解和维护的角度出发，建议读者在编程时遵循以下规则，以养成良好的编程风格。

(1)　一个说明或一个语句占一行。

(2)　用"{ }"括起来的部分，通常表示程序的某一层次结构。"{ "和" }"各单独占一行。

(3)　同一层次的语句，纵向左侧对齐。

(4)　低一层次的语句比高一层次的语句向右缩进一个制表位(按一次 Tab 键)后书写，以便看起来更加清晰，增加程序的可读性。

(5)　用/* …… */实现多行内容注释。

(6)　用//实现单行内容注释。

1.4　输入输出库函数的使用

输入输出是以计算机为主体而言的，从计算机向外部输出设备(如显示器、打印机等)输出数据称为"**输出**"，从外部使用输入设备(如键盘、扫描仪等)向计算机输入数据称为"**输入**"。

在前面小节的程序中已出现的 printf 和 scanf，是 C 标准函数库提供的最常用的输入输出函数，存在于编译工具所在目录的子目录 include 的 stdio.h 头文件内。

在使用 C 语言库函数时，要用预编译命令"include"将有关"头文件"包含到源代码中，所以使用 printf 和 scanf 时，在源代码开头应加入#include <stdio.h>。

1.4.1　printf()函数

函数 printf 功能是通过标准输出设备输出一组数据。一般格式为：

```
printf("格式控制字符串",输出表列);
```

例如：

```
int x=5;
char y='a';
printf("%d,%c\n",x,y);
```

小括号"()"内包括以下两部分。

(1) "格式控制字符串"是用双引号括起来的部分，包括**需要输出的字符**和**数据格式说明**两部分信息。

① **需要输出的字符**：可以使用字母、汉字、数字、标点和数学符号等，还可以使用一些转义字符表示特殊的含义(如"\n")。例 1.1 中的"printf("欢迎学习 C 语言\n")"、例 1.2 中的"printf("%d 的平方为%d\n.",a,b)"都使用了转义字符"\n"，作用是输出字符后光标移至下一行行首。常见转义字符功能见表 1.1。

表 1.1　常见转义字符功能表

转义字符	功　能
\n	回车换行符，光标移动到下一行行首
\r	光标移动到本行行首
\t	横向跳格(8 位为一格，光标向右跳到下一格起始位置)
\b	退一位，光标向左移动一位
\f	走纸换页
\\	用于输出反斜杠字符"\"
\'	用于输出单引号字符"'"
\"	用于输出双引号字符"""
\ddd	3 位八进制数 ddd 对应的 ASCII 码字符
\xhh	两位十六进制数 hh 对应的 ASCII 码字符

② **数据格式说明**：由"%"开头，形式为"%<数据输出宽度><格式符>"，数据格式说明用在需要输出变量或运算数值结果的时候，出现个数与输出列表的个数一致。

例 1.3　printf("%d,%d,the max is %d.\n",a,b,c)中的"%d"即为格式说明(缺省宽度说明)，表示以带符号的十进制形式输出整数。

"数据输出宽度"说明中，如果实际数据小于宽度，则根据宽度值是否大于零而左补或右补空格。如果实际数据大于宽度值，按实际位数输出。如果缺省宽度说明，则按实际宽度输出(实际位数按照格式符默认位数输出)。常用格式符见表 1.2。

格式符中的一些概念将在第 2 章"基本数据类型"中进行详细介绍。

(2) "**输出列表**"是需要输出的一些数据，可以是常量、变量、表达式或函数调用语句。输出列表的类型决定了"格式控制"中使用的"数据格式符"，其个数决定了"数据格式说明"的个数。

表 1.2 常用格式符

格 式 符	功 能
d	以带符号的十进制形式输出整数(整数不输出正号)
o	以不带符号的八进制形式输出整数
x	以不带符号的十六进制形式输出整数
u	以不带符号的十进制形式输出整数
c	以字符形式输出一个字符
s	输出一个或多个字符
f	以小数形式输出单、双精度数，默认输出 6 位小数
e	以标准指数形式输出单、双精度数，数字部分小数位数为 6 位

例如：

$$\text{printf("a = \underline{\%d}, b = \underline{\%d}, a+b = \underline{\%d} \textbackslash n", \underline{a, b, a+b})};$$

数据格式说明符　　　　　　　输出列表

在上面双引号中的字符除了"%d"和"\n"以外，普通字符按原样输出，3 个"%d"分别和输出列表中的 a、b 和 a+b 对应，表示以带符号的十进制整数形式输出变量 a、b 和表达式 a+b，如果 a、b 的值分别为 1、2，则输出为：

```
a = 1,b = 2,a+b = 3
```

例 1.4 转义字符使用示例。

【代码】

```c
#include <stdio.h>
int main()
{
    printf("1234");
    printf("567\n");
    printf("abc\tdef\n");
    printf("abcd\befg\rh\n");
    return 0;
}
```

【运行结果】

```
1234567
abc     def
hbcefg
```

📖 说明：

● "1234"输出数字 1234 后，光标后移一位。

● "567\n"输出 567 后，光标移到下一行行首。

- "abc\tdef\n"输出 abc 后遇到"\t"，由于 abc 占 3 位，不足 8 位，所以光标跳过 5 位，到下一个输出位置，即第 9 位依次输出 def，然后换行。
- "abcd\befg\rh\n"输出 abcd 后遇"\b"，光标退 1 位到字母 d 处开始输出 efg，再遇"\r"使得光标移到该行行首，输出 h。

例 1.5　数据格式说明使用示例。

【代码】

```
#include <stdio.h>
int main()
{
    printf( "a=%4d,b=%-6.2f,%c,%s\n",20,8.456,'a',"Hello");
    return 0;
}
```

【运行结果】

```
a=  20, b=8.46  ,a,Hello
```

📇 说明：

- printf 函数的格式控制字符串中包含了 4 个数据格式说明符，对应输出列表中的 4 个不同类型的常量。
- "%4d"：表示输出整数宽度为 4 位，4 前没有负号，则右对齐，即在 20 前补两个空格，输出为" 20"。
- "%-6.2f"：表示输出共占 6 位，其中小数部分占 2 位(如果小数部分超过 3 位，则第 3 位四舍五入)，8.456 的小数点占 1 位，整数部分占 1 位，小数部分为 0.46 占 2 位，则空余 2 位补空格，由于宽度说明前有负号，所以左对齐，输出"8.46 "。
- "%c"：输出一个字符。
- "%s"：输出字符串"Hello"。

1.4.2　scanf()函数

函数 scanf 的功能是通过标准输入设备输入一组数据。一般格式为：

```
scanf("格式控制字符串",地址表列);
```

例如：

```
int x;
char ch;
scanf("%d,%c",&x,&ch);
```

小括号内"()"包括以下两部分。

- "格式控制字符串"是用双引号括起来的部分，同函数 printf 的格式控制。需要特别注意的是，如果格式符中无其他字符间隔，输入时可以用空格、回车或跳格键 Tab，来间隔多项输入内容。如果格式控制中加入了格式符以外的其他字符，则通过键盘等输入设备输入数据时这些字符一定要原样输入。

● 地址表列是由若干个地址组成的表列，变量的地址表示法是在变量名前加上取地址符"&"(数组名不用)。

函数 scanf 是将输入的数据赋值给地址表列中对应的变量，地址表列中变量的个数和类型，决定了格式控制字符串中数据格式说明符的个数和形式。

例 1.6 scanf 函数使用示例。

【代码】

```
#include <stdio.h>
int main()
{
    int x,y;
    int a1,a2,a3,b1,b2,b3;
    scanf("x=%d,y=%d",&x,&y);
    printf("x=%d,y=%d\n",x,y);
    scanf("%d%d%d",&a1,&a2,&a3);
    printf("a1=%d,a2=%d,a3=%d\n",a1,a2,a3);
    scanf("%d,%d,%d",&b1,&b2,&b3);
    printf("%d,%d,%d\n",b1,b2,b3);
    return 0;
}
```

【运行结果】

```
x=3,y=5✓
x=3,y=5
10 20 30✓
a1=10,a2=20,a3=30
7,8,9✓
7,8,9
```

说明：

● "x=%d,y=%d"表示输入两个整数，除了%d 的位置输入整数外，其他字符要原样输入。例如，将 3 和 5 赋值给 x，y，则键盘上要输入 x=3，y=5 才能正确赋值，"x=" 和 ",y=" 不能省略。

● "%d%d%d"表示输入 3 个整数，可以用空格、回车、Tab 键来间隔键盘上输入值。

● "%d,%d,%d"表示输入 3 个整数，用逗号间隔，不能用空格、回车或其他字符代替。

● 用函数 scanf 给变量赋值时，地址表列中变量名前一定要加取地址符"&"；否则虽然编译可以通过，但是结果错误。

1.5　C 程序的开发过程

开发一个 C 程序，一般要经历编辑、编译、链接和运行 4 个步骤。

1. 编辑源文件

用户通过编辑器，如 Turbo C、Visual C++ 6.0(详见附录 A)等集成开发环境内的编辑器、Windows 系统的"记事本"程序等其他文字处理软件，将自己开发的 C 语言程序输入计算机，编辑生成的文件以文本形式存储，扩展名为".c"，如 example1.c 称为 C 的源程序。

C 源程序文件以 ASCII 码形式存储，而计算机只能执行 0 和 1 组成的二进制指令，不能识别和执行用高级语言编写的指令，即计算机不能直接执行 C 源程序文件。

2. 编译

把 C 源程序翻译成计算机可以识别的二进制形式的目标代码文件，这个过程称为编译，由 C 的编译程序完成。在编译的同时，会对源程序的语法和程序的逻辑结构进行检查。如果源程序出错，需要重新编辑修改源程序。如果源程序没有错误则编译成功，生成目标文件，文件名同源程序文件名，扩展名为.obj，如 example1.obj。

编译生成的目标文件不包含程序运行需要的库函数等，计算机仍然不能执行。

3. 链接

链接程序将目标程序和其他目标程序模块，以及系统提供的 C 库函数等进行链接生成可执行文件，文件名同源程序文件名，扩展名为.exe，如 example1.exe。

链接生成的可执行文件，计算机可以直接执行。

4. 运行

在 C 语言集成开发环境下选择 RUN 命令，或者在 Windows 的资源管理器中双击该可执行文件，或者在 DOS 环境下直接输入 C 程序的可执行文件名，都可以获得运行结果。如果运行结果有误，应重新编辑源程序，再重新进行编译、链接、运行，直至得到满意的运行结果。

习　题　1

一、单项选择题

1. 一个 C 源程序是由(　　)组成。
　　A. 若干个过程　　　　　　　　　B. 若干个子程序
　　C. 若干个函数　　　　　　　　　D. 一个主程序和若干个子程序
2. 下列 4 个选项中，不是 C 语言特点的是(　　)。
　　A. 数据类型丰富　　　　　　　　B. 可移植性好

C. 面向过程的风格　　　　　　D. 面向对象的风格

3. C 语言使用( )作为程序块的开始和结束。

　　A. 大括号　　　　B. 中括号　　　　C. 小括号　　　　D. 尖括号

4. 有代码片段如下:

```
int x,y;
scanf("x=%d,y=%d",&x,&y);
```

为 x 和 y 赋值 3 和 4 的正确输入格式为( )。

　　A. 3 4　　　　B. x=3 y=4　　　　C. 3,4　　　　D. x=3,y=4

5. 函数 printf 和 scanf 属于( )头文件。

　　A. string.h　　　　B. math.h　　　　C. stdio.h　　　　D. stdlib.h

6. 回车换行的转义字符是( )。

　　A. \t　　　　B. \r　　　　C. \n　　　　D. \b

7. 转义字符 "\t" 的作用是横向跳格, 1 格占( )位。

　　A. 2　　　　B. 4　　　　C. 6　　　　D. 8

8. 函数 scanf 的地址列表中, 变量名前面需要添加( )。

　　A. #　　　　B. *　　　　C. &　　　　D. %

9. printf("first\b\b\bsh\\\r\"ok\"\n");语句的输出结果是( )。

　　A. firstsh\ok　　　　B. "ok"　　　　C. fish\"ok"　　　　D. "ok"\

10. printf("x=%-4d,y=%4.1f\n",300,3.14);语句的输出结果是( )。

　　A. x=300 ,y= 3.1　　B. x=300,y=3.1　　C. x= 300,y= 3.1　　D. x=300 ,y=3.14

11. 开发一个 C 程序, 一般经历 4 个步骤的顺序是( )。

　　A. 编辑、链接、编译和运行　　　　B. 编译、编辑、链接和运行

　　C. 编辑、编译、运行和链接　　　　D. 编辑、编译、链接和运行

12. Visual C++ 6.0 是( )公司开发的编程软件。

　　A. IBM　　　　B. Microsoft　　　　C. Google　　　　D. Oracle

二、判断题

1. C 语言本身没有输入输出语句。　　　　　　　　　　　　　　　　( )

2. 在 C 程序中, 注释说明只能位于一条语句的后面。　　　　　　　　( )

3. 在 C 程序中, 每行只能写一条语句。　　　　　　　　　　　　　( )

4. C 程序中能直接让机器执行的文件是编辑后的.c 源文件。　　　　　( )

5. 每条语句和数据定义的最后都必须有分号。　　　　　　　　　　　( )

6. 打印 3 行输出的 C 语言程序必须用 3 条 printf 语句。　　　　　　( )

7. 在 C 程序中, 语句之间必须要用分号 ";" 来分隔。　　　　　　　　( )

8. printf 函数的格式控制字符串之后的所有参数前面都必须有 "&"。　( )

9. C 语言认为变量 number 和 NuMbEr 是相同的。　　　　　　　　( )

10. printf 函数的格式控制字符串中使用转义序列 "\n" 把光标定位到屏幕下一行的开

始位置。 （ ）

三、程序填空题

1. 下面程序打印输出"我喜欢学习 C 语言"。请填空。

```
_____
int main()
{
    _____;
    return 0;
}
```

2. 下面程序功能是计算 3 个整数之和，并打印输出结果。请填空。

```
#include <stdio.h>
int main()
{
    int a,b,c;
    int sum;
    scanf("%d%d%d",&a,_____,&c);
    sum=a+b+c;
    printf("%d+%d+%d=_____\n",a,b,c,sum);
    return 0;
}
```

四、编程题

1. 编写一个 C 程序，在屏幕上显示一句话："Very good！"。

2. 编写一个 C 程序，显示以下菜单：

```
                    MENU
*********************************************
1.Input the students' names and scores
2.Search scores of some students
3.Modify scores of some students
4.List all students' scores
5.Delete students
6.Quit the system
*********************************************
Please input your choice (1-6):
```

3. 编写程序，求两个整数之和并输出。

4. 编写程序，输入 3 个整数，输出其中最大数。

5. 编写程序，从键盘上输入矩形的长和宽，屏幕上显示对应的矩形周长和面积。

第 2 章

基本数据类型

本章主要介绍 C 语言的基本数据类型，常量数据的分类、表示方法和存储格式，C 语言中变量的定义和赋值，不同数据类型间的类型转换，以及 C 语言中常用运算符的功能、使用方法、结合性和优先级等。

学习目标

本章要求掌握 C 语言中常量数据的表示方法，了解基本数据类型的存储格式，掌握变量的定义和赋值，理解数据运算中类型的自动转换和强制转换，掌握常用运算符表达式值的判定，并且能在编程中熟练运用这些运算符解决问题。

本章要点

- C 语言的数据类型
- 常量数据的表示
- 变量的定义和赋值
- C 语言类型修饰符
- 表达式的数据类型转换
- C 语言的运算符和表达式

2.1　C 语言的数据类型

　　程序通常要对数据进行处理，程序设计语言需要支持丰富的数据类型，以满足各种编程需要。C 语言提供了丰富的数据类型，不仅可以表达并处理基本的数据(如整数、实数、字符等)，还可以组织成复杂的数据结构(如表、树、栈等)。

　　C 语言的数据类型如图 2.1 所示。

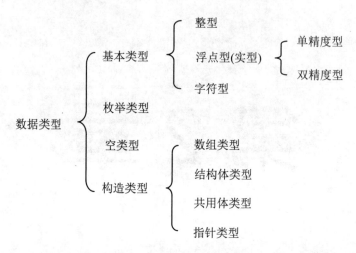

图 2.1　C 语言的数据类型

　　待处理的数据是被存放在内存中的，了解不同类型的数据各占用多大的内存空间及其在计算机中的存储方式是很重要的。本章主要介绍基本数据类型及其存储形式。

2.2　常量数据的表示

　　C 语言中的数据有两种表现形式，即**常量**和**变量**。常量的值不能被改变，是具体的值，如 2、6、135、0.23、3.14 都是常量。

　　常用的常量有以下几类。

1. 整型常量

整型常量可以用以下 3 种形式表示。

　　(1)　十进制整数，如 15、-378、0。

　　(2)　八进制整数。以 0 开头，如 0147 表示八进制数 147，-013 表示八进制数-13。

　　(3)　十六进制整数。以 0x 开头，如 0x11，代表十六进制数 11，-0x33 代表十六进制数-33。

2. 浮点型常量

浮点数也称为实数，它有两种表示形式。

(1) 十进制小数形式。这种浮点数由整数部分、小数点和小数部分组成，如 3.6、123.07、−0.22，注意小数点不能省略。

(2) 指数形式。如 123e3 代表 123×10^3。计算机输入和输出时，无法表示上角或者下角，故以字母 e 或 E 代表以 10 为底的指数，小写的 e 可以用大写字母 E 代替。注意：字母 e 之前必须有数字，e 后边的指数必须为整数，如不能写成 3e4.5。

浮点数可以用多种指数形式表示，如 43.21 可以表示为 43.21e0、4.321e1、0.4321e2 等，把其中的 4.321e1 称为规范化的指数形式，即字母 e 之前的小数部分中，小数点左边只有一位非零的数字。浮点数在用指数形式输出时，是按规范化的指数形式输出的。

3. 字符型常量

C 语言的字符型常量有两种形式，即普通字符和转义字符。

(1) 普通字符。普通字符是用单引号括起来的一个字符，如'A'、'a'、'*'、'? '、'9'都是字符常量，不能写成'ab'或者'13'。注意：单引号是界限符，字符常量只是一个字符，不包括单引号在内。

(2) 转义字符。转义字符是除了以上形式的字符常量外另一类以字符\开头的字符序列。例如，\n'代表一个换行符，'\''、'\"'、'\\'则分别代表单引号、双引号和反斜杠。这是一种无法显示的"控制字符"，在程序中无法用一般形式的字符来表示，只能用这样的特殊形式来显示。

常用的以"\"开头的特殊字符见表 2.1。

表 2.1　转义字符及其作用

转义字符	字　符　值	输出结果
\'	一个单引号(')	输出单引号
\"	一个双引号(")	输出双引号
\?	一个问号(?)	输出问号
\\	一个反斜杠(\)	输出反斜杠
\a	警告(alert)	产生声音或视觉信号
\b	退格(backspace)	将当前位置后退一个字符
\f	换页(form feed)	将当前位置移到下一页的开头
\n	换行	将当前位置移到下一行的开头
\r	回车(carriage return)	将当前位置移到本行的开头
\t	水平制表符	将当前位置移到下一个 Tab 位置
\v	垂直制表符	将当前位置移到下一个垂直制表对齐点
\o、\oo 或\ooo(o 为八进制数字)	与该八进制码对应的 ASCII 字符	输出与该八进制码对应的字符
\xh[h...] (h 为十六进制数字)	与该十六进制码对应的 ASCII 字符	输出与该十六进制码对应的字符

4. 字符串常量

字符串常量是一对双引号括起来的字符序列，如"China"、"A"、"$12"、"hello!"。注意：字符串常量是双引号中的全部字符，但不包括双引号本身，而且只能是双引号，不能是单引号，如'China'是错误的。字符串可以用语句输出，如 printf("China");可以输出字符串 China。

组成字符串的字符按照从左到右的顺序依次存放在一段连续的内存空间里，其中每个字符占用 1 字节的内存单元，即 8 个二进制位(或称比特)。其内容为该字符在 ASCII 码表中对应的数值，需要注意的是，C 语言的字符串在实际存储时，将自动在字符串尾部加一个结束标志'\0'(其 ASCII 码值为 0)，所以"China"占用 6 字节存放字符 C、h、i、n、a、\0，但在输出时不输出'\0'。

5. 符号常量

用#define 指令指定用一个符号名称代表一个常量。例如：

```
#define  PI  3.14                  //注意行末没有分号
```

经过上述指定后，本文件中从此行开始所有的 PI 都代表 3.14。程序进行编译之前，预处理器会对 PI 进行预处理，把所有的 PI 都置换为 3.14。在编译后，符号常量全部变成了字面上的 3.14。用一个符号名来代表一个常量，称为符号常量。

使用符号常量的好处有以下两点。

(1) 含义清楚。定义常量名的时候通常遵循"见名知意"原则，看到上面例子中的 PI，可以猜出其代表圆周率。

(2) 需要改变程序中多处用到的一个常量时，可以"一改全改"。例如，在程序中需要多处用到商品的个数，如果个数用常数 100 表示，在部分商品被售出后需要调整个数为 60 时，则需要在程序的多处进行修改，如果用符号常量 AMOUNT 表示个数，就只需要修改一处即可：

```
#define  AMOUNT  60
```

需要注意的是，符号常量不是变量，它不占用内存，只是一个临时的符号，预编译之后这个符号就不存在了，因此也不能给符号常量赋新的值。习惯上符号常量用大写字母表示，如 AMOUNT、PI 等。

2.3 变量的定义

前面介绍了 C 语言中的数据有两种基本形式，即常量和变量。在程序运行过程中，其值会发生改变的数据称为**变量**。每个变量应该有一个名字，即**变量名**。变量在内存中占用一定的存储单元，在该存储单元中存放变量的值，即**变量值**。变量名和变量值的关系如图 2.2 所示。

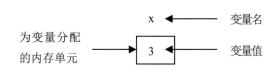

图 2.2　变量名和变量值关系

C 语言所有的变量在使用之前必须先定义，即说明变量的类型，也就是"先定义，再使用"。变量定义的形式如下：

类型说明符　变量名；

变量在定义时要注意以下几个问题。

(1) 变量的命名要符合 C 语言规定的标识符的命名规则，即只能由字母、数字和下画线 3 种字符组成，且第一个字符不能是数字。C 语言规定的有特殊意义的关键字，如 float、if、else、while、return 等，不能作为变量名。

下面列出的标识符或变量名是正确的：

value、_student1、_123、x、day、Class、total_23

下面是不合法的标识符或变量名：

123、total—23、Y.M.D、c#d、int、if、max@9

需要注意的是，C 语言是严格区分大小写的，即大写字母和小写字母被认为是两个不同的字符。因此，total 和 Total 是两个不同的变量名。通常情况下，变量名用小写字母表示，与人们日常习惯一致，以增加可读性。此外，在选择变量名和其他标识符时，应做到"见名知意"，即选择有含义的英文单词(或其缩写)作标识符，如 sum、name、day、birth、country 等。本书在一些简单的举例中，为方便起见，仍用单字符的变量名(如 x、y、a、b 等)，请读者注意不要在其他代码较长的程序中使用这些简单的变量名。

(2) 变量的数据类型决定了它的存储类型，即该变量占用的存储空间。定义变量类型，就是为了给该变量分配内存空间，以便存放数据。

基本的变量类型及其存储空间见表 2.2。

表 2.2　基本变量类型及其存储空间

类　型	名　称	存储空间	取值范围	举　例
int	整型	4 字节	介于 $-2^{31}\sim2^{31}-1$ 的整数	int i
float	单精度浮点型	4 字节	实数，有效位数 6～7 位	float x
double	双精度浮点型	8 字节	实数，有效位数 15～16 位	double y
char	字符型	1 字节	ASCII 码字符，-128～127 的整数	char c

说明：

● 表 2.2 中列出 C99 标准定义的 int 型数据取值范围是 4 字节，VC++6.0 编译系统就使用该标准。有的 C 编译系统规定一个整型数据占 2 字节。

● 浮点型数据在内存中是按照指数形式存储的，小数部分和指数部分分别存放，在

4 或 8 字节中，究竟多少位表示小数部分，多少位表示整数部分，由各 C 编译系统自定。一般而言，小数部分位数多，数据表示的有效数字多，精度就高；而指数部分位数多，则表示的数据范围更大。VC++6.0 编译系统中，单精度浮点数默认保留 6 位有效数字，双精度浮点数默认保留 15 位有效数字。

● char 型数据在内存中存储的形式为该字符对应的 ASCII 值，即一个整数。这样实现了整型数据和字符型数据之间的转换。一个 char 型变量只能存放一个字符，汉字或字符串的存储需要用字符数组实现。

变量的类型决定了它可以存放的数据范围，所以在定义变量之前，一定要先明确待处理数据的特征和范围，再确定适合的变量类型以便存放数据。

2.4　变量的赋值

定义变量后，系统会自动根据变量的类型分配内存空间。需要对一些变量预先设置初始值，即赋值。赋值操作通过赋值符号"="把右边的值赋给左边的变量。例如：

```
int a=2;                /* 指定 a 为整型变量，初值为 2 */
```

相当于：

```
int a;                  /* 指定 a 为整型变量 */
a=2;                    /* 赋值语句，将 2 赋给 a */
```

变量在定义的同时可以赋初值，称为**变量的初始化**。
又如：

```
char ch='A'; float total=1.2;
int y; y=2*3-4;
int i=1; i=i+1;
```

📖 说明：

(1) C 语言中的赋值符号"="不同于数学中的"="。在 C 语言中，i=i+1 是成立的，它表示将变量 i 的值加 1 后再赋给变量 i。在 C 语言中，判断两个数是否相等时使用符号"=="，它是一个关系运算符，如"a==b"这个式子的值要么为 0 要么为 1，将在本章"运算符与表达式"一节中详细介绍。

(2) 如果赋值时等号两侧类型不一致，系统将会做以下处理。

① 将一个浮点数赋给一个整型变量时，如 int a=3.5; 系统自动舍弃小数部分，变量 a 被赋值为 3。可以理解为变量 a 中只能存放整数，3.5 要想存放到 a 中就只能把整数部分的 3 存放进去。

② 将一个整数赋给一个浮点型变量时，如 float f=12; 系统将保持数值不变，以浮点小数形式存储在变量中，此时 f=12.000000。可以理解为变量 f 中只能存放带小数点的浮点数，12 要想存放到 f 中就只能加小数点并补 0。

③　将一个字符赋给一个整型变量时，如 int x='a'; 不同的编译系统实现的情况不同，一般当该字符的 ASCII 值小于 127 时，系统将整型变量的高字节置 0，低字节存放该字符的 ASCII 值，此时变量 x 被赋值为字符 a 的 ASCII 值 97，即变量 x 中存放的是整数 97。

(3)　可以将字符型数据、介于 −128～127 的整数或者转义字符赋给字符型变量。

众所周知，计算机存储的是二进制数，所以将一个字符数据存放在一个字符变量中，实际存放的是该字符的 ASCII 码的二进制形式。大写字母 A 的 ASCII 码十进制表示是 65、二进制表示是 01000001、八进制表示是 101、十六进制表示是 41，即这 4 种数据在计算机中的存储形式相同，赋给一个字符型变量的结果也相同。

例 2.1　将字符'A'赋值给字符变量的 4 种方法。

【代码】

```
#include <stdio.h>
int main()
{
    char c1,c2,c3,c4;
    c1='A';
    c2=65;
    c3='\101';
    c4='\x41';
    printf("%c, %c, %c, %c\n",c1, c2, c3, c4);
    printf("%d, %d, %d, %d\n",c1, c2, c3, c4);
    return 0;
}
```

【运行结果】

```
A, A, A, A
65, 65, 65, 65
```

说明：

- 转义字符'\101'表示八进制数 101，其对应的十进制形式为 65。
- 转义字符'\x41'表示十六进制数 41，其对应的十进制形式为 65。
- "%c"表示输出类型为字符形式，系统将存储的二进制数按照 ASCII 码表转化成相应的字符，然后输出。
- "%d"表示输出类型为十进制整数，系统直接将二进制数转换成十进制整数输出。

例 2.2　变量赋值示例。

【代码】

```
#include <stdio.h>
int main()
{
    int x,y;
    float z;
```

```
    x=3.4;
    y='a';
    z=12;
    printf("x = %d, y = %d, y = %c, z = %f\n",x,y,y,z);
    return 0;
}
```

【运行结果】

```
x = 3, y = 97, y = a, z = 12.000000
```

📄 说明：

- 浮点数 3.4 赋给整型变量 x，系统舍弃小数部分保留整数部分。
- 小写字母 a 的 ASCII 码值为 97，小于 127，以十进制整数形式输出时为 97，以字符形式输出时为 a。
- 整数 12 赋给实型变量 z，转换为等值的浮点小数形式。

2.5 C 语言的类型修饰符

以上介绍的基本数据类型可以带修饰性前缀，即类型修饰符，用来适应更多的数据处理需要，可扩大 C 语言基本数据类型的适用范围。C 语言共有 4 种类型修饰符：long——长型；short——短型；signed——有符号型；unsigned——无符号型。具体使用情况和存储空间见表 2.3。

表 2.3 带类型修饰符的数据类型

类　型	存储空间	取值范围
[signed] int	4 字节	$-2147483648\sim2147483647$，即 $-2^{31}\sim(2^{31}-1)$
unsigned int	4 字节	$0\sim4294967295$，即 $0\sim(2^{32}-1)$
long [int]	4 字节	$-2147483648\sim2147483647$，即 $-2^{31}\sim(2^{31}-1)$
unsigned long [int]	4 字节	$0\sim(2^{32}-1)$，最高位不作为符号位
short	2 字节	$-32768\sim32767$，即$(-2^{15}\sim2^{15}-1)$
unsigned short	2 字节	$0\sim65535$，即$(0\sim2^{16}-1)$
long double	8 字节	$-1.7\times10^{-308}\sim1.7\times10^{308}$，取值范围同 double 型
[signed] char	1 字节	$-128\sim127$，即$-2^{7}\sim(2^{7}-1)$
unsigned char	1 字节	$0\sim255$ ，即 $0\sim(2^{8}-1)$，最高位不作为符号位

📄 说明：

- 表 2.3 中第一列的数据类型，方括号内的可以省略，如 long [int]可简写为 long。
- short 型不常用，对于不同机型取值范围不同，本书中为 VC++6.0 编译系统的取值。
- long double 根据编译系统的不同分配的存储空间大小不同，VC++6.0 编译系统将

long double 和 double 同样处理，分配 8 字节空间。而 Turbo C 编译系统为 long double 分配 16 字节的空间。注意：在 C 语言中进行浮点数的算术运算时，将 float 型数据都自动转换为 double 型，然后再进行运算。

● 基本类型前加 signed 和前边介绍的基本类型等价。例如，[signed] int 和 int 等价，[signed] char 和 char 等价，一般都不写 signed。

例 2.3　类型修饰符的使用示例。

【代码】

```c
#include <stdio.h>
int main()
{
    char a,b;
    unsigned char a1,b1;
    int x,y;
    long x1,y1;
    a=127; b=129;
    a1=127; b1=129;
    x=2147483647; y=2147483649;
    x1=2147483647L; y1=2147483649L;
    printf("a = %d, a1 = %u, b = %d, b1 = %u\n",a, a1, b, b1);
    printf("x = %d, x1 = %ld, y = %d, y1 = %ld\n",x, x1, y, y1);
    return 0;
}
```

【运行结果】

```
a = 127, a1 = 127, b = -127 , b1 = 129
x = 2147483647, x1 = 2147483647, y = -2147483647, y1 = -2147483647
```

说明：

● char 型的取值范围是-128～127，在此范围内，char 和 unsigned char 输出结果一致，即 a 和 a1 输出都是 127。129 超出 char 的取值范围，在 unsigned char 的范围内，而 129 和-127 在计算机中存储内容相同，都为二进制 10000001。当最高位 1 作为符号位表示负数，则 char 型变量 b 输出显示-127。当最高位 1 作为无符号数，代表 129，则 unsigned char 型变量 b1 输出显示 129。

● int 型和 long 的取值范围相同，是-2147483648~2147483647，在此范围内，int 和 long 输出结果一致，即 x 和 x1 输出都是 2147483647。2147483649 超出 int 和 long 的取值范围，当 2147483649 放入 int 型和 long 型变量中，实际占用 4 字节，共 32 个二进制位，最高位为 1 是负数，则 y 和 y1 输出显示-2147483647，已经溢出。

● "%u" 输出格式符，表示无符号的十进制形式的整数。

● 将整数常量赋值给 long 型变量，在整数常量后加大写字母 L 或小写字母 l。"%ld" 表示输出 long 型数据。注意：是字母 l 和字母 d，而不是数字 1 和字母 d。

2.6 表达式的数据类型转换

不同的数据类型数据可以进行混合运算，如 1+'a'-2.3、4.5*6/7 等，因为各种数据类型的取值范围不同，需要弄清楚不同数据类型的混合运算结果(表达式的值)是什么类型。

2.6.1 自动类型转换

在程序中常会遇到不同类型的数据进行混合运算，不同类型的数据在参加运算前会自动转换为相同的类型，再进行运算。需要注意的是，这种转换是编译系统自动完成的，不需要用户参与，转换的规则如图 2.3 所示。

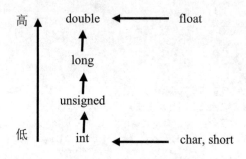

图 2.3　自动类型转换规则

图 2.3 中，横向向左的箭头表示必定的转换。例如，char 型和 int 型进行混合运算，char 型先转换成 int 型再运算，结果为 int 型；float 型数据在运算时一律先转换为 double 型，再参与运算。

纵向的箭头表示当运算对象为不同类型时转换的方向。例如，int 型和 double 型数据进行运算，先将 int 型转换为 double 型再进行运算，结果为 double 型。

例 2.4 自动类型转换示例。

【代码】

```c
#include <stdio.h>
int main()
{
    float a,b;
    float pi=3.1416;
    int s, r=4;
    a=5/2-4/3;
    b=3.0/2+5/3.0;
    s=pi*r*r;
    printf("s = %d\n",s);
    printf("a = %f, b = %f\n",a,b);
    return 0;
}
```

【运行结果】

```
s = 50
a = 1.000000, b = 3.166667
```

🔖 说明：

- 整数除整数结果为整数，所以 5/2-4/3 的整数结果赋给浮点变量 a，以浮点小数形式存储。
- 浮点数和整数的运算结果为浮点数，所以 3.0/2+5/3.0 的浮点小数结果赋给浮点型变量 b，以浮点小数形式存储。
- pi 为实型，s、r 为整型。在执行 s=pi*r*r 语句时，pi 和 r 都转换成 double 型计算，结果也为 double 型。但由于最终结果要赋给整型变量 s，故将 double 型的结果舍去了小数部分，赋给整型变量 s。

2.6.2　强制类型转换

可以通过强制类型转换运算符来将一个表达式转换成所需的类型。其一般形式为：

(类型说明符) 表达式

作用是把表达式的运算结果强制转换成类型说明符所表示的类型。

例如：

(int)7.4%3 表示先把 7.4 转化成整数 7，再对 3 取余。

(int)(x+y)表示把 x+y 的结果转换为整型。

(int)2.3*12 是把 2.3 转换成整型再与 12 相乘。

int x=5,y=2; 则 x/y 结果为2(注意，整数除整数的结果仍然是整数)，而(float)x/y 是先将 x 强制转换为浮点型 5.000000，然后再除以 2，浮点数除以整数结果为浮点数 2.500000。

需要说明的是，在强制类型转换时，得到一个所需类型的中间变量，原来变量的类型并未发生变化，如上例(float)x/y，(float)x 的值为 5.000000，x 的类型仍然为整型，值为 5。

2.7　C 运算符和表达式

运算符是说明各种不同计算法则的符号。C 语言提供了丰富的运算符，如算术运算符、关系运算符、逻辑运算符、赋值运算符等。参加运算的数据和运算符连接起来就构成了运算表达式，即表达式。表达式是由各类运算符将常量或变量数据连接起来，因此需要了解各类运算符的功能、结合性和优先级别。

本节将介绍 C 语言各种运算符的含义、功能、结合方向和优先级别。

2.7.1 算术运算符和算术表达式

1. 基本的算术运算符

正号运算符"+"：正号运算符为单目运算符，即只有一个量参与运算，如+1、+a。

负号运算符"-"：负号运算符为单目运算符，如-5.2、-b。

加法运算符"+"：加法运算符为双目运算符，即应有两个量参与加法运算，如 a+b、3+2。

减法运算符"-"：减法运算符为双目运算符，如 5-2。

乘法运算符"*"：乘法运算符为双目运算符，如 2*5。

除法运算符"/"：除法运算符为双目运算符，如 7/2。

模运算符(或称取余运算符"%")：为双目运算符，如 7%3。结果等于两数相除后的余数，如 7%3 结果是 1 而不是 2。需要注意，要求"%"两侧均为整型数据。

💡 **注意**：要特别留意除法运算和模运算。整数除以整数结果仍然为整数，浮点数(单精度和双精度)除以整数结果为浮点数。例如，5/3 的结果为 1，舍去小数部分，而 5.0/3 的结果为 1.666667。另外，模运算符要求运算的两侧必须是整型数据，如 7%3 的结果是 1。如果不是整型的数据做模运算，可以采用强制类型转换。例如，变量 a 为 float 型，对 3 取余，可表示为(int)a%3。

2. 自增运算符和自减运算符

自增、自减运算符主要用于给一个变量加 1 或减 1。运算符及其功能如下。

自增运算符"++"：如 i++，++i，等同于 i=i+1。

自减运算符"--"：如 i--，--i，等同于 i=i-1。

自增、自减运算符是单目运算符，"++""--"可以放在变量前边或者后边。这两种方式都完成了变量的自增或自减，i++和++i 的值是一样的。但当变量的自增运算或是自减运算同其他运算配合构成一个表达式时，在前、在后的不同位置使该变量在参加运算时的值是不同的，i++表示先使用 i 而后 i 再自增 1，而++i 表示 i 先自增 1 再使用 i。

例如：

当 n=5 时，执行语句 i=n++(++在后)，n 的值先赋值给 i，i=5，n 再自增 1，n=6；而执行语句 i=++n(++在前)，n 先自增 1，n=6，再赋值给 i，i=6。

因此自增、自减运算符放在变量之前时，表示变量先变化，后使用；放在变量之后时，表示变量先使用，后变化。

💡 **注意**：自增和自减运算符只能用于变量，而不能用于常量或表达式，如 3++或者 (x+y)--都是不合法的。按照自增的定义，3++可以等同于 3=3+1，明显不对。而(x+y)--这个式子中 x+y 的结果要是一个常量的话，结果也是不成立的。

自增或自减运算符常被用在循环语句中或者指针变量上，这些将在后续的章节中进行介绍。

3. 算术表达式

用算术运算符将数据对象连接起来的式子称为算术表达式。表达式的运算按照运算符的优先级和结合性来进行。

C 语言规定了运算符的**优先级**和**结合性**。在表达式求值时，先按算术运算符的优先级别高低次序执行。规定负号运算符("－")优先级高于乘、除、模运算符，乘、除、模运算符优先级高于加、减运算符。如表达式 a-b*c，乘号优先于减号，因此相当于 a-(b*c)。如果在一个运算对象两侧的运算符优先级别相同，如表达式 a-b+c，减号和加号优先级别相同，则按规定的"结合方向"处理。

C 语言规定了各种运算符的结合方向(结合性)，算术运算符遵循"左结合性"，即从左往右算。例如，a-b+c，先计算 a-b，再+c。有的运算的结合方向为"从右至左"，称为"右结合性"，即从右往左算。C 语言运算符中有不少为右结合性，应注意区别。

例 2.5　计算并编程验证 x-3*-7/(int)(1.3+y)+2 的结果，其中 x=1.4，y=3.1。

【代码】

```
#include <stdio.h>
int main()
{
    float x=1.4,y=3.1;
    printf("%f", x-3*-7/(int)(1.3+y)+2);
    return 0;
}
```

【运行结果】

```
8.400000
```

2.7.2　关系运算符和关系表达式

1. 关系运算符

关系运算是进行比较运算的，比较两个数据是否符合某个给定的条件。C 语言有以下 6 种关系运算符。

<：小于运算符，如 a<6。

<=：小于等于运算符，如 0<=3。

>：大于运算符，如 a>b。

>=：大于等于运算符，如 a>=5。

==：等于运算符，如 x==(y+1)。

!=：不等于运算符，如 z!=0。

两个数据在进行值的比较时，其结果只有两个，要么成立要么不成立，成立则表达式

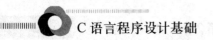

的值为"真"，不成立则表达式的值为"假"。在 C 语言中，任何非 0 值为"真"，0 值为"假"。因此，关系运算的结果仅可能产生两个值：1 表示"真"；0 表示"假"。

2. 关系运算符的优先级和结合性

关系运算符中，<、<=、>、>=的优先级相同，==、!=的优先级相同，前 4 种的优先级高于后两种。例如，3!=1>3，">"优先级高于"!="，1>3 结果为 0，3!=0 结果为 1，所以这个式子的值为 1。

关系运算符优先级小于算术运算符。例如，4>2-1，"-"优先级高于">"，所以先计算 2-1，结果为 1，再计算 4>1，最终结果为 1。

关系运算符的结合性为左结合性，即从左至右。例如：3>2>1，先计算 3>2，成立则结果为 1，再计算 1>1，关系不成立，最终结果为 0。这个式子的最终结果为假，即 0。注意：这与我们的常识是不一样的，表面上看 3>2>1 是成立的，结果应该是 1，但是关系运算符是双目运算符，只能两两比较，不能一次比较 3 个以上的数。

3. 关系表达式

关系表达式是用关系运算符连接起来的式子。关系表达式的值是一个逻辑值，即"真"或者"假"。成立就是"真"，值为 1；不成立就是"假"，值为 0。

例 2.6 关系运算符演示示例。

【代码】

```
#include <stdio.h>
int main()
{
    int a=4,b=3,c=1,result=2;
    printf("%d\n",a<=b);
    printf("%d\n",a==b+c);
    result=a>b>c;
    printf("%d\n",result);
    return 0;
}
```

【运行结果】

```
0
1
0
```

2.7.3 逻辑运算符和逻辑表达式

1. 逻辑运算符

逻辑运算表示两个数据或表达式之间的逻辑关系。C 语言提供的逻辑运算符有以下 3 种。

(1) 逻辑与运算符"&&"。这是双目运算符，要求有两个运算对象，可以表示成"条件 1&&条件 2"。只有当条件 1 成立并且条件 2 也成立时，逻辑与成立，结果为真，即值为 1，其余情况结果都为假，即值为 0。所以条件 1 和条件 2 只要有一个不成立，逻辑与的结果都为 0。例如，(2>4)&&(3>2)，由于 2>4 不成立，即使 3>2 成立，结果仍为 0。

(2)　逻辑或运算符"||"。这是双目运算符，要求有两个运算对象，同样可以表示成"条件 1||条件 2"。当条件 1 成立或者条件 2 成立时，逻辑或成立，结果为真，即值为 1，其余情况结果为假，即值为 0。所以条件 1 和条件 2 只要有一个成立，逻辑或的结果就为 1。只有当条件 1 和条件 2 都不成立时，逻辑或的结果才为假，即值为 0。例如，(x>4)||(x<2)，只要 x 取值大于 4 或者小于 2 这两个条件满足一个时结果为 1；否则结果为 0。

(3)　逻辑非运算符"!"。这是单目运算符，可以表示成"!条件"。当条件成立时，逻辑非的运算结果为假，即值为 0；反之当条件不成立时，运算结果为真，即值为 1。例如，!(1+2)，1+2 结果非 0，再进行逻辑非运算，结果为 0。非运算可以理解成取反，任何非 0 的值非运算之后是 0，0 值非运算之后是 1。

💡 **注意：** 　两个条件进行与运算，只有两个条件都为真，结果才为真，即值是 1。两个条件进行或运算，只要有一个条件为真，结果就为真，即值是 1。一个条件进行非运算，就是取反，非 0 值进行非运算结果是 0，0 进行非运算结果是 1。

2. 逻辑运算符优先级和结合性

逻辑运算符的优先次序如下。

(1)　!→&&→||。

(2)　和其他运算符相比，"!"高于算术运算符，"&&"和"||"低于关系运算符，如图 2.4 所示。

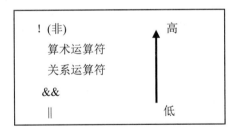

图 2.4　逻辑运算符优先级

💡 **注意：** 　逻辑运算符"!"的结合性为右结合性，即从右往左算，"&&""||"的结合性为左结合性，即从左往右算。

例 2.7　逻辑运算符演示示例。

【代码】

```c
#include <stdio.h>
int main()
{
    int x=9,y=5,z=4;
    printf("%d\n",!2-1||2<x&&3!=y);
```

```
    printf("%d\n",(x+y)&&!z-4&&4%z);
    return 0;
}
```

【运行结果】

```
1
0
```

实际上，逻辑运算符两侧的运算对象不但可以是 0 或非 0 的整数，也可以是任何类型的数据，如字符型、实型或是指针型等。系统最终以 0 或非 0 来判断它们属于"真"还是"假"。例如，'a'&&'b'的值为 1，是因为'a'和'b'的 ASCII 值都不为 0，两个非 0 的数据进行与运算，结果为 1。

注意： 在逻辑表达式的求解中，并不是所有的逻辑运算符都被执行，只是在必须执行下一个逻辑运算符才能求出表达式的值时，才执行该运算符。

举例如下。

(1) a&&b&&c。只有 a 为真(非 0)时，才需要判断 b 的值，只有 a 和 b 都为真时，才需要判断 c 的值。也就是说，只要 a 为假，整个表达式即为假，没必要再判断 b 和 c；只要 a 为真，但 b 为假，就没必要再判断 c。

(2) a||b||c。只要 a 为真(非 0)，整个表达式即为真，就不必判断 b 和 c；如果 a 为假，才判断 b，如果 b 也为假，才需要判断 c。

例 2.8   阅读程序，写出运行结果。

【代码】

```
#include <stdio.h>
int main()
{
    int x=8,y=3;
    printf("%d\n",(x=2>3)&&(y=7));
    printf("x=%d,y=%d",x,y);
    return 0;
}
```

【运行结果】

```
0
x=0,y=3
```

2.7.4 赋值运算符和赋值表达式

1. 基本赋值运算符

C 语言中最常用的赋值运算符是"="，其作用是将赋值运算符右边的表达式的值赋给左边的变量，如 a=7 是将 7 赋给变量 a。

赋值运算符的优先级比算术运算符、关系运算符和逻辑运算符都要低。赋值运算符的结合性是右结合性，即从右往左算。

2. 复合赋值运算符

在赋值运算符"="之前加上其他运算符，如+、-、*、/、%其中的一种，形成复合赋值运算符。如下所示。

加赋值运算符"+="：如 a+=(1+3)，等价于 a=a+(1+3)。

减赋值运算符"-="：如 a-=(1+3)，等价于 a=a-(1+3)。

乘赋值运算符"*="：如 a*=(1+3)，等价于 a=a*(1+3)。

除赋值运算符"/="：如 a/=(1+3)，等价于 a=a/(1+3)。

取余赋值运算符"%="：如 a%=(1+3)，等价于 a=a%(1+3)。

复合赋值运算符的作用是先将复合运算符右边表达式的结果与左边的变量进行算术运算，然后再将运算结果赋给左边的变量。

💡 **注意：** 复合运算符左边一定是变量；复合运算符右边的表达式计算完成后才参与复合赋值运算。使用这种复合运算符，可以简化程序，书写方便，并且能提高编译效率。

复合赋值运算符的优先级和结合性等同于简单的赋值运算符"="。

例 2.9 赋值运算符演示示例。

【代码】

```
#include <stdio.h>
int main()
{
    int x=5,y=4;
    printf("%d\n",x+=x-=x*x);
    printf("%d\n",y+=y-=y*y);
    return 0;
}
```

【运行结果】

```
-40
0
```

💡 **注意：**

- x+=x-=x*x 运算步骤：x*x 结果为 25，x=x-25 结果为 x=-20，x=x+x 结果为-40。
- y+=y-=y*y 运算步骤：y=y*y 结果为 y=16，y=y-y 结果为 y=0，y=y+y 结果为 y=0。

3. 赋值表达式

由赋值运算符将一个变量和一个表达式连接起来的式子称为赋值表达式。

例如，"a=3"是一个赋值表达式，对赋值表达式求解的过程是将赋值运算符右侧的

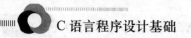

表达式的值赋给左侧的变量。注意：赋值表达式的值就是被赋值的变量的值。例如，赋值表达式"a=3"，变量 a 被赋值 3，则表达式 a=3 的值为 3。又如，赋值表达式 a=3+(b=5)，b 值为 5，(b=5)这个式子的值为 5，a 被赋值 8，则整个赋值表达式的值为 8。

赋值表达式可以出现在其他语句中，如输出语句中，这样就实现了在一条语句中同时完成赋值和输出双重功能。例如，printf("%d\n",y=5);作用是 y 被赋值 5，并输出表达式 y=5 的值 5。

2.7.5　逗号运算符和逗号表达式

C 语言提供了一种特殊的运算符用于连接表达式，这种运算符就是逗号运算符。如：

```
1+a,b=5/2
```

用逗号运算符连接的表达式称为逗号表达式。它的一般形式为：

```
表达式 1,表达式 2,…,表达式 n
```

逗号表达式的运算过程是先算表达式 1，再算表达式 2，依次算到表达式 n。例如，上面的举例就是先算 1+a，再算 b=5/2。整个表达式的值是最后一个表达式的值，如上面举例的逗号表达式值为 2。

逗号运算符的优先级别最低，结合性为左结合性，从左往右算。

例 2.10　已知 x 初值为 1，求表达式 x=3,x*5 值为多少？

💡 **注意：**　该表达式中有逗号运算符、赋值运算符、算术运算符，因为三者中逗号运算符优先级最低，算术运算符最高，所以该表达式是一个逗号表达式，先执行表达式 x=3，则 x 从初值 1 变为 3，再执行 x*5，即 3*5，则整个逗号表达式值为 15。

2.7.6　条件运算符和条件表达式

条件运算符是 C 语言中唯一的三目运算符，它需要 3 个运算数或表达式构成条件表达式。它的一般形式为：

```
表达式 1? 表达式 2:表达式 3
```

执行顺序是：先求解表达式 1，如果成立则整个条件表达式的值就是表达式 2 的值；否则整个表达式的值就是表达式 3 的值。

例如，表达式"max=((a>b)?a:b)"，先判断 a>b 是否成立，成立的话表达式(a>b)?a:b 的值就是 a，不成立的话表达式的值就是 b。执行结果就是最后将条件表达式的值赋给 max，也就是将 a 和 b 中的较大值赋给 max。

条件运算符的优先级别仅高于赋值运算符和逗号运算符，低于关系运算符、算术运算符和逻辑运算符。因此，表达式"max=((a>b)?a:b)"可以写成"max=a>b?a:b"。

条件表达式的结合方向为从右向左。例如：

```
a>b?a:c>d?c:d
```

等价于

```
a>b?a:(c>d?c:d)
```

💡 **注意：**　条件表达式使用起来很方便、简洁，一个表达式中既有条件又有结果。例如，条件表达式(a>b)?a:b 中，问号前边的 a>b 是判断条件，冒号左右两个式子中必定有一个是整个条件表达式的结果。

例 2.11　求 3 个数中的最大数。

【代码】

```
#include <stdio.h>
int main()
{
    int x,y,z,max;
    scanf("%d%d%d",&x,&y,&z);
    max=x>(y>z?y:z)?x:(y>z?y:z);
    printf("%d,%d,%d,max=%d\n",x,y,z,max);
    return 0;
}
```

【运行结果】

```
1 5 3✓
1,5,3,max=5
```

本节介绍了 C 语言的常用运算符，将这些运算符按优先级别从高到低排序，如图 2.5 所示。

```
()、!、++、--、负号运算符-                          高

算术运算符 *、/、%

算术运算符 +、-

关系运算符 <、<=、>、>=

关系运算符 ==、!=

逻辑运算符 &&

逻辑运算符 ||

条件运算符 ?:

赋值运算符 =、*=、/=、*=、%=、+=、-=

逗号运算符 ,                                        低
```

图 2.5　常用运算符优先级

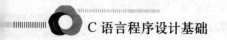

习 题 2

一、单项选择题

1. C 语言中编译环境决定了不同类型的变量占用的内存单元大小，VC++6.0 环境下，int 型数据占用的字节数为(   )。

    A. 1　　　　　　B. 2　　　　　　C. 4　　　　　　　　D. 8

2. 在 C 语言中，要求参加运算的数必须是整数运算符的是(   )。

    A. /　　　　　　B. *　　　　　　C. %　　　　　　　D. =

3. 假定 x 和 y 为 int 型，则表达式 x=2，y=x+3/2 的值是(   )。

    A. 3.500000　　B. 3　　　　　　C. 2.000000　　　D. 3.000000

二、判断题

1. 算术运算符的优先级高于逻辑运算符。 (   )

2. 已知 float x=3.5;，则(int)x 强制类型转换后 x 的值变为 3。 (   )

3. 逗号表达式是从左向右运算的，整个表达式的值是最后一个表达式的值。 (   )

三、编程题

1. 已知 a=1,b=2,c=3.5，计算(float)(a+b)/3+(int)c 的值。

2. 从键盘输入一个小写字母，输出其对应的大写字母。

3. 用条件运算符实现：输入一个英文字母，如输入大写字母，输出其对应的小写形式，如输入小写字母，则原样输出。

4. 从键盘输入 3 个整数，按照从小到大的顺序输出。

第3章

选 择 结 构

结构化程序设计的 3 种基本结构是顺序结构、选择结构和循环结构。顺序结构的程序是最简单的程序，是一条语句接一条语句顺序地往下执行。选择结构表示程序的处理步骤出现了分支，它需要根据某一特定的条件选择其中的一个分支执行。本章主要介绍程序设计的一般方法；结构化程序设计的思想；C 语言的顺序结构和选择结构的实现方法。

学习目标

本章要求了解结构化程序设计的思想，并且可以按照程序设计的一般方法完成简单程序的设计过程。熟练掌握顺序结构和选择结构的使用。

本章要点

● 程序设计的一般方法

● 结构化程序设计

● 顺序结构

● 选择结构 if 条件语句

● 选择结构 switch 语句

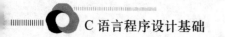

3.1　程序设计的一般方法

程序设计是给出解决特定问题程序的过程，是软件构造活动中的重要组成部分。程序设计的一般方法可以概括为以下 4 个步骤。

(1)　明确处理对象，选择算法。

(2)　画流程图。

(3)　编写程序。

(4)　调试程序。

下面通过一个简单的例子来说明程序设计的过程。

已知三角形的 3 条边，求三角形的面积。

第一步：明确处理对象，选择合适的算法。

要处理的对象是三角形的边长，期望得到的是三角形的面积。根据数据特点和取值范围，浮点型的数据可以很好地表示三角形的边长和面积。所以可以定义 a、b、c、area 为浮点型变量(注：在数学公式中三角形三边用 a、b、c 表示)，分别用于存放三角形的 3 条边长和面积。如果 a、b、c 符合两边之和大于第三边，则可以组成三角形，其面积的算法可以使用海伦公式，即

$$area = \sqrt{s(s-a)(s-b)(s-c)}$$

其中：$s = \dfrac{(a+b+c)}{2}$。

第二步：画流程图。

流程图是用来表示各种操作的图框，图 3.1 所示为几种常见的流程图符号。

　　起止框　　　输入输出框　　　判断框　　　处理框　　　　　流程线

图 3.1　流程图常见符号

用流程图表示算法直观形象，可以比较清楚地显示出各个框之间的逻辑关系。有一段时期国内外计算机书刊都广泛使用这种流程图表示算法。但是，这种流程图占用篇幅较多，尤其当算法比较复杂时，画流程图既费时又不方便。在结构化程序设计方法推广之后，许多书刊已用 N-S 流程图或伪代码算法等方式代替这种传统的流程图，但是每个程序编制人员都应当熟练掌握传统流程图，做到会看会画。

这道例题的算法流程图，如图 3.2 所示。

第三步：根据流程图编写程序。

选择一种计算机语言，按照流程图使用该计算机语言提供的语句编写源程序。如果选择结构化程序设计语言的 C 语言，则按照上述流程图编写程序需要用到 C 语言提供的多种语句。只有掌握 C 语言所提供的各种语句结构，才能用 C 语言实现算法。

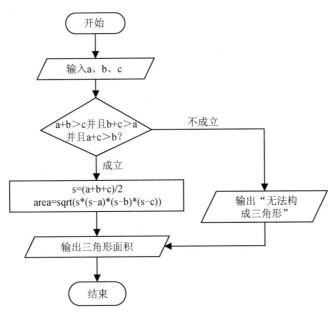

图 3.2　求三角形面积的算法流程图

第四步：调试程序。

对已经编写好的源程序进行上机调试，并且演算结果。如果不正确，则修改程序再调试，直至得到期望的结果值。

3.2　结构化程序设计

结构化程序设计是荷兰科学家 E.W.Digikstra 于 1965 年提出的，其主要思想是通过**分解**复杂问题为若干简单问题的方式，从而降低程序的复杂性。它的主要观点是采用自顶向下、逐步细化的程序设计方法，同时严格使用 **3 种基本控制结构**来构造程序。按照这种方法设计的程序具有结构清晰、层次分明、易于阅读修改和维护的优点。

按照操作的执行顺序，程序可以分为 3 种基本结构，即**顺序结构**、**选择结构**和**循环结构**。1996 年，计算机科学家 Bohm 和 Jacopini 证明，任何简单或复杂的算法都可以由顺序结构、选择结构和循环结构这 3 种结构组合而成。

如图 3.3 所示，顺序结构是按照书写顺序**依次**执行的；选择结构是对给定的条件进行**判断**，再根据判断的结果决定执行哪一个**分支**；循环结构是在给定条件**成立**时**反复**执行某段程序。这 3 种结构都具有一个入口和一个出口。合理地使用这 3 种基本结构，可以组合成复杂的高级结构；而所有的复杂结构都可以分解为这 3 种基本结构。

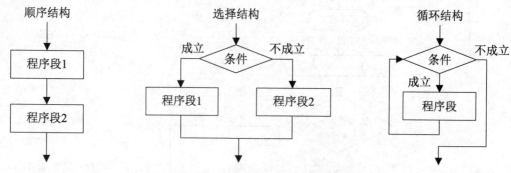

图 3.3　结构化程序设计的 3 种基本结构

3.3　顺　序　结　构

顺序结构是结构化程序设计的 3 种基本结构中最简单的。它可以独立存在，也可以出现在选择结构或者循环结构中。总之，任何程序都存在顺序结构。在顺序结构中，函数、一段程序或者语句都是按照出现的先后顺序执行的。

例 3.1　求方程 $ax^2 + bx + c = 0$ ($a \neq 0$) 的解。a、b、c 由键盘输入，并且 $b^2 - 4ac > 0$。

【算法分析】

求一元二次方程的根的算法如下。

$$x_1 = \frac{-b + \sqrt{b^2 - 4ac}}{2a}$$

$$x_2 = \frac{-b - \sqrt{b^2 - 4ac}}{2a}$$

【伪代码表示的算法】

(1)　定义 a、b、c、p、x_1、x_2 用于存放方程的系数、中间变量和结果。

(2)　输入 a、b、c。

(3)　令 p=sqrt(b*b−4*a*c)，相当于 $p = \sqrt{b^2 - 4ac}$。

(4)　计算 x_1、x_2，即

$$x_1 = \frac{-b + p}{2a}$$

$$x_2 = \frac{-b - p}{2a}$$

(5)　输出方程的根 x_1、x_2。

【流程图表示的算法】

程序流程图如图 3.4 所示。

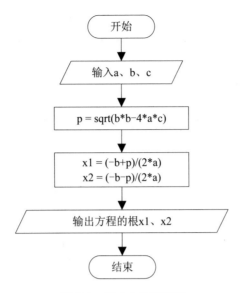

图 3.4 例 3.1 的流程图

【代码】

```
#include <stdio.h>
#include <math.h>               /* 定义了 sqrt()函数的头文件 */
int main()
{
    float a,b,c,p,x1,x2;
    scanf ("a=%f,b=%f,c=%f",&a,&b,&c);
    p=sqrt(b*b-4*a*c);          /*库函数 sqrt()用于求一个数的平方根 */
    x1=(-b+p)/(2*a);
    x2=(-b-p)/(2*a);
    printf("x1=%6.2f,x2=%6.2f\n",x1,x2);
    return 0;
}
```

【运行结果】

```
a=1,b=2,c=-8✓
x1=  2.00,x2= -4.00
```

3.4 选择结构——if 条件语句

选择结构是结构化程序设计的 3 种基本结构之一，用于根据给定的条件来判断执行何种操作。C 语言提供了多种手段来实现选择结构，如 if 语句和 switch 语句。if 语句是 C 语言中实现选择结构最常用的方式。当 if 语句和 else 语句组合时，可以实现更灵活、更复杂的选择结构。学会熟练地使用 if 语句是使用 C 语言编程的基础。

1. if 语句的基本形式

if 语句的功能是根据一个条件判断的结果选择执行某一分支。

if 语句的基本形式：

```
if(条件)
    语句1;
else
    语句2;
```

if 语句的流程图如图 3.5 所示。

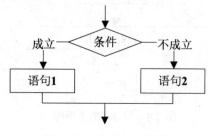

图 3.5　if 语句的流程图

其执行顺序如下。

① 先判断表达式的条件是否成立。

② 如果成立，则执行语句 1。

③ 如果不成立，则执行语句 2。

④ 当该选择结构执行结束时，继续执行后续语句。

📑 说明：

● **语句 1** 的形式可以是**单条语句**，也可以是**复合语句**(语句多于一条的情况)。

● **语句 2** 的形式可以是**单条语句**、**复合语句**，也可以是**空语句**。

● **语句 1** 通常不为空，如果语句 1 为空的情况下，表明条件成立的时候什么也不执行。

● **语句 2** 为空的时候，可以省略 else，表明条件不成立的时候什么也不执行。

● 不论哪条语句是复合语句，都要记得用一对大括号 "{ }" 将其复合语句部分括起来。但要注意的是，"}" 后面不能再出现分号。

```
if(条件)
{
    语句1;
    …
    语句n;
}
else
{
    语句1;
    …
```

```
        语句 n;
    }
```

例 3.2　输入两个整数，输出其中较大数。

【代码】

```
#include <stdio.h>
int main()
{
    int a,b,max;
    printf("please input two numbers: ");
    scanf("%d,%d",&a,&b);
    if(a>b)
        max=a;
    else
        max=b;
    printf("max=%d",max);
    return 0;
}
```

【运行结果】

```
please input two numbers: 15,20✓
max=20
```

说明：

- 输入两个整数存入 a 和 b 中。
- 用 if 语句判别 a 和 b 中数的大小。如果 a>b 成立，则将 a 的值赋给 max；否则将 b 的值赋给 max。
- max 中始终存的是较大数，最后输出 max 的值。

例 3.3　判断方程 $ax^2+bx+c=0\,(a \neq 0)$ 是否有实数解，其中 a、b 和 c 由键盘输入。

【代码】

```
#include <stdio.h>
int main()
{
    float a,b,c,p,x1,x2;
    scanf("a=%f,b=%f,c=%f",&a,&b,&c);
    p=b*b-4*a*c;
    if(p>=0)
        printf("方程有实数解\n");
    else
        printf("方程无实数解\n");
    return 0;
}
```

【运行结果】

```
a=2,b=3,c=1✓
方程有实数解
```

📖 **说明：**

- 定义 a、b、c 和 p 这 4 个变量用于存放方程的系数和中间变量。
- 输入 3 个数存入 a、b 和 c 中。
- 判断一元二次方程是否有实数解的算法是：当 b*b-4*a*c>=0 时，方程有解；否则无解。令 p=b*b-4*a*c。
- 用 if 语句判别 p>=0 是否成立。如果 p>=0 成立，输出"方程有实数解"；否则输出"方程无实数解"。

2. 省略 else 的 if 语句

当语句 2 省略的时候，if 条件语句的形式变为：

```
if(条件)
        语句1;
```

省略 else 的 if 语句的流程图如图 3.6 所示。

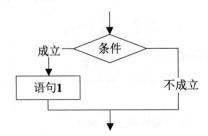

图 3.6　省略 else 的 if 语句流程图

📖 **说明：**

- 先判断表达式的条件是否成立。
- 如果表达式的值为真，则执行语句 1。
- 如果表达式的值为假，则继续执行后续语句。

例 3.4　输入两个整数，输出其中最大数。

【代码】

```
#include <stdio.h>
int main()
{
    int a,b,max;
    printf("please input two numbers: ");      /*提示从键盘输入 a 和 b 的值*/
    scanf("%d,%d",&a,&b);
    max=a;
```

```
    if(max<b)
    max=b;
    printf("max=%d",max);
    return 0;
}
```

【运行结果】

```
please input two numbers: 15,20✓
max=20
```

说明：

- 定义 a、b 和 max 这 3 个变量。
- 输入两个数存入 a 和 b 中。将 a 的值赋给 max。
- 用 if 语句判别 max<b 是否成立，如果 max<b 成立，则把 b 的值赋给 max。
- 如果 max<b 不成立，继续执行后续语句。
- max 中存放的始终是较大数，最后输出 max 的值。

3．if 语句的嵌套

前两种形式的 if 语句一般用于两个分支的情况。当有多个分支选择时，可采用 if-else-if 语句。换句话说，if 语句可以相互嵌套，即当 if 语句中的语句 1 或者语句 2 是一个含有 if 语句的复合语句时，便形成了 if 语句的嵌套。

【形式一】语句 1 是 if 语句结构，如图 3.7 所示。具体如下：

```
if(条件1)
{
    if(条件2)
        语句1;
    else
        语句2;
}
else
        语句3;
```

【形式二】语句 2 是 if 语句结构，如图 3.8 所示。具体如下：

```
if(条件1)
    语句1;
else
{
    if(条件2)
        语句2;
    else
        语句3;
}
```

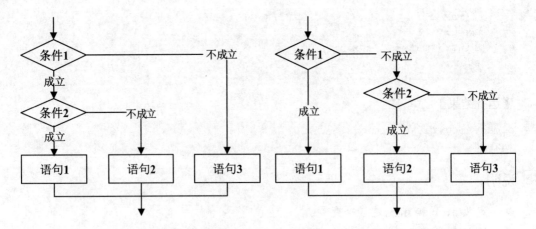

图 3.7　if 语句嵌套形式一的流程图　　　　图 3.8　if 语句嵌套形式二的流程图

例 3.5　用两种形式编写程序，从键盘输入一个 x，按照函数要求输出 y 的值。

$$y = \begin{cases} -1 & (x < 0) \\ 0 & (x = 0) \\ 1 & (x > 0) \end{cases}$$

【形式一】流程图如图 3.9 所示，代码如下：

```c
#include <stdio.h>
int main()
{
    int x,y;
    scanf("%d",&x);
    if(x<=0)
    {
        if (x<0)
            y=-1;
        else
            y=0;
    }
    else
        y=1;
    printf ("x=%d,y=%d\n",x,y);
    return 0;
}
```

【形式二】流程图如图 3.10 所示，代码如下：

```c
#include <stdio.h>
int main()
{
    int x,y;
    scanf("%d",&x);
    if(x<0)
        y=-1;
    else
```

```
{
    if(x==0)
        y=0;
    else
        y=1;
}
printf ("x=%d,y=%d\n",x,y);
return 0 ;
}
```

【运行结果】

```
5↙
x=5,y=1
```

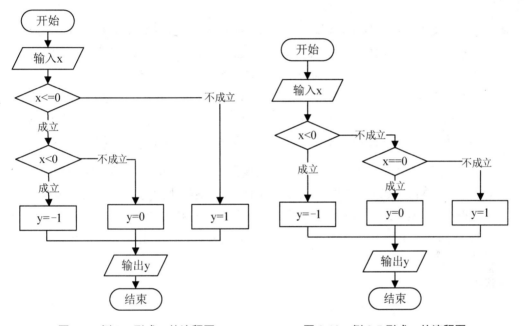

图 3.9   例 3.5 形式一的流程图   图 3.10   例 3.5 形式二的流程图

例 3.6   输入一个字符，判断是数字、英文字母还是其他字符。用 if 语句实现。

【代码】

```
#include <stdio.h>
int main()
{
    char ch;
    printf("please input: ");
    scanf("%c",&ch);
    /*在 C 语言中"并且"含义即"逻辑与"，用"&&"表示;
     "或者"含义即"逻辑或"，用"||"表示*/
    if(ch<32)
        printf("%c is a control character\n",ch);
    else if(ch>='0'&&ch<='9')
```

```
    /*等价于 if(ch>=48 && ch <=57)*/
    printf("%c is a digit\n",ch);
    else if((ch>='A'&&ch<='Z')||(ch>='a'&&ch<='z'))
    /*等价于 if((ch>=65&&ch<=90)||(ch>=97&&ch<=122))*/
        printf("%c is a letter\n",ch);
    else printf("%c is an other character.\n",ch);
    return 0;
}
```

【运行结果】

```
please input:u✓
u is a letter
```

说明：

- 字符的类型可以根据输入字符的 ASCII 码来判别。由 ASCII 码表可知，ASCII 值小于 32 的为控制字符；"0" 和 "9" 之间的为数字；"A" 和 "Z" 之间的为大写字母；"a" 和 "z" 之间的为小写字母，其余则为其他字符。

- 这是一个多分支选择的问题，用 if-else if 语句编程，判断输入字符 ASCII 码所在的范围，分别给出不同的输出结果。如输入小写字母 "g"，"g" 对应的 ASCII 码值为 103，满足(ch>=97&&ch<=122)的条件，所以输出显示 "g" 是英文字母。

例 3.7 计算工资税额。有一种工资纳税制度的规定为：如果工资超过 50000 元，缴纳的税额为工资总额的 50%；如果工资超过 10000 元，纳税比例为工资总额的 30%；如果工资超过 7000 元，纳税比例为工资总额的 20%；如果工资超过 5000 元，纳税比例为工资总额的 10%；如果工资少于等于 5000 元，则不需纳税。设计一个程序，按照工资数额算出需要缴纳的税额。

【代码】

```
#include <stdio.h>
int main()
{
    int salary = 0;
    float ratio =0.0;
    printf("please input your salary:");
    scanf("%d",&salary);              /* 输入工资额 */
    /*使用if-else if语句,计算纳税比例*/
    if (salary>50000)
        ratio=0.5;
    else if (salary>10000)
        ratio=0.3;
    else if (salary>7000)
        ratio=0.2;
    else if (salary>5000)
        ratio=0.1;
    else
        ratio=0;
```

```
    printf("The tax is %.2f.\n",salary*ratio);      /*输出格式说明中%.2f 表示输
出值保留两位小数*/
    return 0;
}
```

【运行结果】

```
please input your salary: 8888✓
The tax is 1777.60.
```

if 语句的嵌套中，要特别注意 else 与 if 的配对问题。

C 编译系统处理该问题的原则是：else 总是与同一语法层次中离它**最近**的**尚未配对**的 if 配对。为了避免出现 else 配对错误，通常利用**大括号{ }**将 if-else 语句结构括起来。

📑 说明：

● 从 else 去找它前面的 if 配对，不能用 if 来找 else 配对。

● 必须是同一语法层次的，不能出现在不同的{ }里面。

● 必须是离 else 最近的那个 if，不要越级。

● 找到的这个 if 必须是没有和其他的 else 配对的，不能抢人家的。

下面的输出结果反映了两段 if-else 语句的不同。

$$程序段一：\begin{cases} if(a >= 0) \\ \{if(a > 0) \quad printf("a > 0 \setminus n");\} \\ \quad else \qquad printf("a < 0 \setminus n"); \end{cases}$$

$$程序段二：\begin{cases} if(a >= 0) \\ if(a > 0) \quad printf("a > 0 \setminus n"); \\ \quad else \qquad printf("a = 0 \setminus n"); \end{cases}$$

4．使用 if 语句应注意以下问题

上面介绍的 3 种形式的 if 语句中，在 if 关键字之后均为表达式。该表达式通常是**逻辑表达式**或**关系表达式**，但也可以是**其他表达式**(如赋值表达式等)，甚至还可以是一个**变量**。

例如：

```
if(sum=8)
  语句;
if(m)
  语句;
```

都是允许的。只要表达式的值为非 0，即为"真"。

比如，有程序段：

```
if(sum=8)
  语句;
```

📑 **说明**：

● 将数值 8 赋给 sum，表达式的值永远为非 0，所以执行其后的语句。

● 这种情况在程序中不一定会出现，但在语法上是合法的。

又如，有程序段：

```c
int a,b=100;
if(a=b)
  printf("%d",a);
else
  printf("a=0");
```

📑 **说明**： 将 b 值赋给 a，表达式的值永远为非 0，输出 a 值。

3.5 选择结构——switch 语句

当选择的分支较多时，虽然可以用 if 语句的嵌套实现，但是不够直观；尤其当层次较多时，条件书写麻烦，容易出错。switch 语句是 C 语言中选择结构的另一个常用的实现方式，非常适用于多支路选择的实现。

switch 语句的基本形式为：

```
switch (整型表达式/字符型表达式)
{
    case 常量表达式 1: 语句 1; break;
    case 常量表达式 2: 语句 2; break;
    …
    case 常量表达式 n: 语句 n; break;
    default: 语句 n+1;
}
```

switch 语句的流程图如图 3.11 所示。

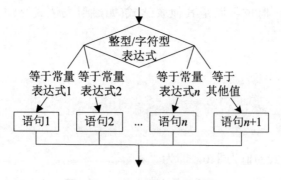

图 3.11 switch 语句的流程图

其执行顺序如下。

(1) 先计算并判断表达式的值。

(2) 将结果与 case 分支中常量表达式的值进行比较，如果相等则执行其后的语句。

(3) 如果没有相等的值，则执行 default 后面的语句。

(4) 若缺省 default 语句，则跳出 switch 结构，执行 switch 结构的后续语句。

说明：

- 判断表达式可以是变量、常量或表达式，但其值必须是整数类型或者字符类型；否则编译器将会报错。

- case 标号中的常量表达式必须是常量或者常量表达式，其值也必须是整数类型或者字符类型；否则编译器将报错。

- 所有的 case 标号必须不相同；否则编译器将报错。

- default 语句可以放在 case 语句前面。但是，这么做会降低代码可读性，不推荐使用。

- switch 语句的执行顺序会受到 break 语句的影响(break 语句的用法将在第 4 章详细阐述)。

例 3.8　输入一个成绩，然后输出相应的等级，即"优""良""中""及格""不及格"。

【代码】

```c
#include <stdio.h>
int main()
{
    int score;
    printf("请输入学生分数：");
    scanf("%d",&score);
    switch(score/10)
    {
        case 10:
        case 9: printf("成绩优秀\n");break;
        case 8: printf("成绩良好\n");break;
        case 7: printf("成绩中等\n");break;
        case 6: printf("成绩及格\n");break;
        case 5:
        case 4:
        case 3:
        case 2:
        case 1:
        case 0:printf("成绩不及格\n");break;
        default:printf("输入成绩有错误\n");
    }
    return 0;
}
```

【运行结果】

```
请输入学生分数：99✓
成绩优秀
```

📝 **说明：**

- 定义变量 score 用于存放分数。
- 当 score/10 的结果为 10 或者 9 时，输出成绩为"优秀"。

  当 score/10 的结果为 8 时，输出成绩为"良好"。

  当 score/10 的结果为 7 时，输出成绩为"中等"。

  当 score/10 的结果为 6 时，输出成绩为"及格"。

  当 score/10 的结果为 5、4、3、2、1、0 时，输出成绩为"不及格"。

  否则输出"输入成绩有错误"。

例 3.8 的流程图如图 3.12 所示。

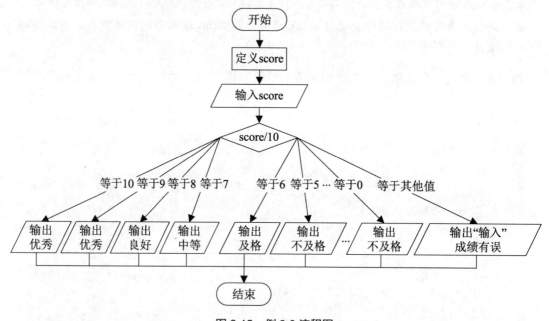

图 3.12　例 3.8 流程图

思考一下如果程序变成下面的样子，当输入 99 的时候，运行结果会是什么？

```c
#include <stdio.h>
int main()
{
    int score;
    printf("请输入学生分数：");
    scanf("%d",&score);
    switch(score/10)
    {
        case 10:
        case 9: printf("成绩优秀\n");
        case 8: printf("成绩良好\n");
        case 7: printf("成绩中等\n");
        case 6: printf("成绩及格\n");
```

```
        case 5:
        case 4:
        case 3:
        case 2:
        case 1:
        case 0:printf("成绩不及格\n");
        default:printf("输入成绩有错误\n");
    }
    return 0;
}
```

【运行结果】

```
请输入学生分数：99↙
成绩优秀
成绩良好
成绩中等
成绩及格
成绩不及格
输入成绩有错误
```

说明：

● 输入 99，执行了 case 9 及 case 9 后的所有语句，输出了"成绩优秀"及之后的所有字符串。

● 在 switch 语句中，case "常量表达式"只相当于一个语句标号，表达式的值和某标号相等则转向该标号执行，但不能在执行完该标号的语句后自动跳出整个 switch 语句，所以出现了继续执行后面所有 case 语句的情况。这是与前面介绍的 if 语句完全不同的，应特别注意。

● 为了避免上述情况，C 语言提供了一种 break 语句，专门用于跳出 switch 语句。

● break 语句只有关键字 break，没有参数。

● 上面的例题，在每一条 case 语句之后增加一条 break 语句，使每一次执行之后均可跳出 switch 语句，从而避免输出不应有的结果。

例 3.9　输入 1～7 的数字，输出表示一个星期中对应的某一天的英文单词。

【代码】

```
#include <stdio.h>
int main()
{
    char w;
    scanf("%c",&w);
    switch(w)
    {
        case '1': printf("Monday\n");break;
        case '2': printf("Tuesday\n");break;
        case '3': printf("Wednesday\n");break;
        case '4': printf("Thursday\n");break;
```

```
        case '5': printf("Friday\n");break;
        case '6': printf("Saturday\n");break;
        case '7': printf("Sunday\n");break;
    }
    return 0;
}
```

【运行结果】

```
4✓
Thursday
```

例 3.10 计算器程序。用户输入运算数和四则运算符，输出计算结果。

【代码】

```
#include <stdio.h>
int main()
{
    float a,b;
    char symbol;
    printf("input expression: a+(-,*,/)b \n");
    scanf("%f%c%f",&a,&symbol,&b);
    switch(symbol)
    {
        case '+': printf("%f\n",a+b);break;
        case '-': printf("%f\n",a-b);break;
        case '*': printf("%f\n",a*b);break;
        case '/':
            if(b!=0)
                printf("%f\n",a/b);
            else
                printf("input error\n");
            break;
        default: printf("input error\n");
    }
    return 0;
}
```

【运行结果】

```
input expression: a+(-,*,/)b
4*5✓
20.000000
```

习 题 3

一、单项选择题

1. 程序设计的一般方法可以概括为 4 个步骤，其中不包含以下(　　)。

　　A. 明确处理对象，选择算法　　　　B. 画流程图

　　　　C.　编写程序　　　　　　　　　　　　D.　写编程报告

2.　以下 4 个选项中，不能作为一条语句独立运行的是(　　)。

　　　　A.　;　　　　　　　　　　　　　　　B.　a=1,b=2.0,c='A';

　　　　C.　if(a<10);　　　　　　　　　　　D.　if(b!=5)x=2;y=6;

3.　在 C 语言中，结构化程序设计的 3 种基本结构是(　　)。

　　　　A.　顺序结构、选择结构、循环结构　　B.　if、switch、break

　　　　C.　for、while、do-while　　　　　　D.　if、for、continue

4.　已知 int x=3,y=4,z;，则执行表达式 z=x=x>y 后，变量 z 的值为(　　)。

　　　　A.　0　　　　　　B.　1　　　　　　　C.　3　　　　　　D.　4

5.　有以下程序段:

```
int a=14,b=15,c=16,x;
x=(a&&b)&&(c||a);
```

执行该程序段后，x 的值为(　　)。

　　　　A.　true　　　　　B.　false　　　　　C.　0　　　　　　D.　1

6.　以下程序的输出结果是(　　)。

```
int main()
{
    int a=1,b=2,c=3,d;
    d=a&&b||c;
    printf("%d\n",d);
    return 0;
}
```

　　　　A.　1　　　　　　B.　0　　　　　　　C.　非 0 的数　　D.　-1

7.　若给变量 x 输入 10，则以下程序的运行结果是(　　)。

```
int main()
{
    int x,y;
    scanf("%d",&x);
    y=x>10?x+1:x-1;
    printf("%d\n",y);
    return 0;
}
```

　　　　A.　10　　　　　　B.　11　　　　　　C.　9　　　　　　D.　12

8.　已知 char ch='a';，则以下表达式的值是(　　)。

```
ch=(ch>='a'&& ch<='z')?(ch-32):ch;
```

　　　　A.　A　　　　　　B.　a　　　　　　　C.　Z　　　　　　D.　z

9.　以下程序的输出结果是(　　)。

```
int main()
{
```

```
    int d=1,a=2,b=3,c=4;
    printf("%d\n",d<a?d:c<b?c:a);
    return 0;
}
```

  A. 4   B. 3   C. 2   D. 1

10. 有以下程序段:

```
int d=3,a=2,b=1;c=0;
d=a<b?b:a;
d=d>c?c:d;
```

  执行该程序段后, d 的值是( )。

  A. 3   B. 2   C. 1   D. 0

11. 在 if 嵌套语句中, 为避免 else 匹配错误, C 语言规定 else 总是与( )组成配对关系。

  A. 最近的 if   B. 在其之前未配对的 if

  C. 在其之前尚未配对的最近的 if   D. 同一行的 if

12. 已有定义语句: int a=1,b=2,c=3;, 执行以下语句后, 能正确表示 a、b、c 值的选项是( )。

```
if(a>b)
c=a;
a=b;
b=c;
```

  A. a=1,b=2,c=3   B. a=1,b=1,c=3

  C. a=2,b=3,c=3   D. a=2,b=2,c=3

13. 以下程序的运行结果是( )。

```
int main()
{
    int i=0;
    if(i=0)
       printf("**");
    else
       printf("$");
    printf("*\n");
    return 0;
}
```

  A. *   B. $*   C. **   D. ***

14. 以下程序的输出结果是( )。

```
int main()
{
    int a=1,b=2,c=3;
    if(b<a)
        if(b<0)
```

```
        {
            c=0;
            c++;
        }
        b++;
        printf("b=%d,c=%d\n",b,c);
        return 0;
}
```

  A. b=1,c=2　　　　B. b=2,c=3　　　　C. b=3,c=3　　　　D. b=1,c=1

15. 变量已正确定义，若有以下程序段：

```
int main()
{
    int a=1,b=2,c=3;
    if(a<b)
        a=b;
        c=a;
    printf("%d,%d,%d\n",a,b,c);
    return 0;
}
```

  则程序运行结果是(　　)。

  A. 程序段有语法错误　　　　　　　B. 2，2，2

  C. 1，2，1　　　　　　　　　　　D. 1，2，3

16. 以下非法的赋值语句是(　　)。

  A. n=(i=2,++i);　　B. j++;　　　　C. ++(i+1);　　　D. x=j>0;

17. 已知有定义：int x=3,y=4,z=5; ，则表达式!(x+y)+z-1&&y+z/2 的值是(　　)。

  A. 6　　　　　　　B. 0　　　　　　　C. 2　　　　　　　D. 1

18. 阅读以下程序：

```
int main()
{
    int x;
    scanf("%d",&x);
    if(x--<5)
        printf("%d",x);
    else
        printf("%d",x++);
    return 0;
}
```

  程序运行后，如果从键盘上输入 5，则输出结果是(　　)。

  A. 3　　　　　　　B. 4　　　　　　　C. 5　　　　　　　D. 6

19. 能表示 x 为偶数的表达式是(　　)。

  A. x%2==0　　　B. x%2==1　　　　C. x%2　　　　　D. x%2!=0

20. 下面的程序段中一共出现了(　　)处语法错误。

```
int a,b;
scanf("%d",a);
b=2a;
if(b>0)
  printf("%b",b);
```

A. 1   B. 2   C. 3   D.4

21. C 语言中, 逻辑 "真" 等价于(　　)。

     A. 大于零的数   B. 大于零的整数   C. 非零的数   D. 非零的整数

22. C 语言的 switch 语句中, case 后(　　)。

     A. 只能为常量

     B. 只能为常量或常量表达式

     C. 可为常量及表达式或有确定值的变量及表达式

     D. 可为任何量或表达式

23. 设有 int i,j,k;i=1,j=2,k=3;, 则表达式 i&&j&&k 的值为(　　)。

     A. 1   B. 2   C. 3   D. 0

24. 下列表达式中能表示 a 在 0~100 的是(　　)。

     A. a>0&a<100   B. !(a<0||a>100)   C. 0<a<100   D. !(a>0&&a<100)

25. 下列描述正确的是(　　)。

     A. break 语句只能用于 switch 语句中

     B. 在 switch 语句中必须使用 default 语句

     C. break 语句必须与 switch 语句中的 case 配对使用

     D. 在 switch 语句中, 不一定使用 break 语句

26. if 语句的基本形式是: if(表达式) 语句;, 以下关于"表达式"值的叙述正确的是(　　)。

     A. 必须是逻辑值   B. 必须是整数值

     C. 必须是正数   D. 可以是任意合法的数值

27. 若有以下嵌套的 if 语句:

```
if(a<b)
    if(a<c)
      k=a;
    else
      k=c;
else
    if(b<c)
      k=b;
    else
      k=c;
```

以下选项中与上述语句等价的语句是(　　)。

A. k=(a<b)?((b<c)?a:b):((b>c)?b:c);   B. k=(a<b)?((a<c)?a:c):((b<c)?b:c);

C.　k=(a<b)?a:b;k=(b<c)?b:c ;　　　　　D.　k=(a<b)?a:b;k=(a<c)?a:c ;

28. 若 int k=8;，则执行下列程序后，变量 k 的正确结果是(　　)。

```
int main()
{
    int k=8;
    switch(k)
    {
        case 9:k+=1;
        case 10:k+=1;
        case 11:k+=1;break;
        default:k+=1;
        }
    printf("%d\n",k);
    return 0;
}
```

A.　12　　　　　B.　11　　　　　C.　10　　　　　D.　9

29. 阅读以下程序段：

```
int main()
{
    int a=45,b=40,c=50,d;
    d=a>30?b:c;
    switch(d)
    {
        case 30: printf("%d,",a);
        case 40: printf("%d,",b);
        case 50: printf("%d,",c);
        default: printf("#");
    }
    return 0;
}
```

则该程序的输出结果是(　　)。

A.　40,50,　　　B.　50,#　　　C.　40,#　　　D.　40,50,#

30. 有以下程序段，此程序段编译有错误，出错的是(　　)。

```
int main()
{
    int a=30,b=40,c=50,d;
    d=a>30?b:c;
    switch(d)
    {
        case a:printf("%d,",A);
        case b:printf("%d,",B);
        case c:printf("%d,",C);
        default:printf("#");
    }
    return 0;
}
```

A. default:printf("#");这条语句

B. d=a>30?b:c;这条语句

C. case a:printf("%d,",A); case b:printf("%d,",B); case c:printf("%d,",C);这三条语句

D. switch(d)这条语句

二、判断题

1. C 语言中用非 0 表示逻辑值"真"，用 0 表示逻辑值"假"。　　　　　　（　　）

2. C 语言中的关系运算符"! ="的优先级高于"<="的优先级。　　　　（　　）

3. C 语言中 if 必须有一个匹配的 else；否则编译提示有错误。　　　　（　　）

4. C 语言程序的 3 种基本结构是顺序结构、选择结构和循环结构。　　（　　）

5. 只能在循环体内和 switch 语句体内使用 break 语句。　　　　　　（　　）

6. switch 语句中的每个 case 必须要用 break 语句。　　　　　　　　（　　）

7. C 语言中规定，if 语句的嵌套结构中，else 总是和最近的 if 配对。　（　　）

8. 复杂的程序不只是由顺序结构、选择结构和循环结构这 3 种结构构成。（　　）

9. 选择结构包括双分支选择和多分支选择。　　　　　　　　　　　　（　　）

10. &&表示逻辑或，||表示逻辑与。　　　　　　　　　　　　　　　（　　）

三、程序填空题

1. 以下程序的功能是：不用第三个变量，实现两个数的对调操作。请填空。

```
#include <stdio.h>
int main()
{
int a,b;
scanf("%d%d",&a,&b);
printf("a=%d,b=%d\n",a,b);
a=_____;
b=_____;
a=_____;
printf("a=%d,b=%d\n",a,b);
return 0;
}
```

2. 以下程序的功能是：输入两个整数，不用第三个变量，输出其中较小的数。请填空。

```
#include <stdio.h>
int main()
{
    int a,b;
    scanf("%d,%d",&a,&b);
    if(_____)
        _____;
    else
        _____;
    return 0;
}
```

3. 以下程序的功能是：输入一个整数，如果输入的整数大于等于 100，输出显示该数大于等于 100；否则输出显示该数小于 100。请填空。

```
#include <stdio.h>
int main()
{
    int a;
    scanf("%d",&a);
    if(_____)
        printf("%d 大于等于 100。\n",a);
    else
        printf("%d 小于 100。\n",a);
    return 0;
}
```

4. 以下程序的功能是：通过键盘输入一个字符，如果输入的是字符 f，则输出“女”字；如果输入的是字符 m，则输出“男”字。请填空。

```
#include<stdio.h>
int main()
{
    char sex;
    scanf("%c",&sex);
    if(_____)
        printf("女");
    if(_____)
        printf("男");
    return 0;
}
```

5. 以下程序的功能是：已知计算三角形面积的公式为 area = sqrt(s*(s-a)*(s-b)*(s-c))，其中 s=(a+b+c)/2。公式中 a，b 和 c 为三角形的三条边。编写程序判断三边能否构成三角形。如果能构成三角形，求该三角形的面积；否则输出“无法构成三角形”。请填空。

```
#include<stdio.h>
#include<math.h>
int main()
{
    float a,b,c,s,area;
    printf("please input: \n");
    scanf("%f,%f,%f",&a,&b,&c);
    if(_____)
    {
        s=(a+b+c)/2;
        area=sqrt(s*(s-a)*(s-b)*(s-c));
        printf("%f\n",area);
    }
    else
        printf("无法构成三角形\n");
    return 0;
}
```

6. 以下程序的功能是：输入系数 a、b 和 c，判断方程 $ax^2+bx+c=0(a \neq 0)$ 是否有实数解。如果有解则输出其解；否则输出"方程无解"。请填空。

```c
#include<stdio.h>
int main()
{
    float a,b,c,t,x1,x2;
    printf("请输入a，b，c的值：\n");
    scanf("%f,%f,%f",&a,&b,&c);
    _____;
    if(_____)
    {
        x1=(-b+sqrt(t))/(2*a);
        x2=(-b-sqrt(t))/(2*a);
        printf("x1=%f,x2=%f\n",x1,x2);
    }
    else
        printf("方程无解\n");
    return 0;
}
```

7. 以下程序的功能是对 3 个数从小到大排序的操作。请填空。

```c
#include <stdio.h>
int main()
{
    int a,b,c,t;
    scanf("%d,%d,%d",&a,&b,&c);
    if(_____)
    {
        _____;
        _____;
        _____;
    }
    if(_____)
    {
        _____;
        _____;
        _____;
    }
    if(_____)
    {
        _____;
        _____;
        _____;
    }
    printf("a=%d,b=%d,c=%d\n",a,b,c);
    return 0;
}
```

8. 以下程序的功能是：通过键盘输入字母等级，根据等级输出成绩范围。其中"A"代表 90～100 分，"B"代表 80～89 分，"C"代表 70～79 分，"D"代表 60～69 分，"E"代表 60 分以下。请填空。

```c
#include<stdio.h>
int main( )
{
    char a;
    scanf("%c",&a);
    switch(_____)
    {
        case_____:printf("90~100\n");break;
        case_____:printf("80~89\n");break;
        case_____:printf("70~79\n");break;
        case_____:printf("60~69\n");break;
        case_____:printf("<60\n");break;
        default:printf("error!\n");
    }
    return 0;
}
```

四、编程题

1. 输入两个整数，输出其中较大的数。

2. 用 if 实现，输入一个年份，输出该年份是闰年还是平年。判断某一年是闰年，需要满足下面两个条件之一：

(1) 该年可以被 4 整除但不能被 100 整除；

(2) 该年可以被 400 整除。

3. 输入一个正整数，判断该数是否既是 5 的倍数又是 7 的倍数。若是，则输出 yes；否则输出 no。

4. 输入整型变量 x 的值：当 x<1 时，y=x；当 1<=x<10 时，y=2x-1；当 x>=10 时，y=3x+11；最后输出 y 的值。

5. 用 if 语句实现：输入一个字符，判断该字符是数字、英文字母还是其他字符。

6. 输入一个字符，如果是大写字母，则转换成其小写字母；如果是小写字母，则转换成其大写字母；其他字符不变。

7. 输入 3 个整数 a、b、c，求 3 个数中的最小数 min，并输出结果。

8. 输入 0～9 的数字，根据输入的数字输出对应的英文单词，即 0 输出 zero，1 输出 one，2 输出 two，3 输出 three……

9. 输入一个百分制成绩 score，根据 score 的值，输出相应的五分制成绩。即：90 分以上为"A"，80～89 分为"B"，70～79 分为"C"，60～69 分为"D"，60 分以下为"E"。

10. 用 switch 语句实现：输入两个数和一个符号。如果该符号为"+"，则输出两个数的和。如果该符号为"–"，则输出两个数的差。如果该符号为"*"，则输出两个数的积。如果该符号为"/"，则输出两个数的商。

第4章

循环结构

在实际问题中有许多具有规律性的重复操作，因此在程序中就需要重复执行某些语句。本章主要介绍 C 语言提供的 3 种循环结构语句，即 while 语句、do-while 语句和 for 语句，以及循环结构中常用的语句 break、continue 的使用和循环语句的嵌套。

学习目标

本章要求了解循环语句的嵌套，理解 break 和 continue 语句在循环结构中的不同作用，熟练掌握 3 种循环结构的使用。

本章要点

- while 语句
- do-while 语句
- for 语句
- break 语句和 continue 语句
- 循环语句的嵌套

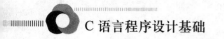

4.1 while 语句

顺序结构、选择结构和**循环结构**是结构化程序设计的基本结构。循环结构用于在给定条件成立时，反复执行某一个程序段。C 语言提供了 **3 种基本循环结构语句**，它们分别是 **while** 语句、**do-while** 语句和 **for** 语句。这里首先介绍 while 语句。

while 语句的基本形式为：

```
while(表达式)
{
    循环体语句;
}
```

while 语句的流程图如图 4.1 所示。

其执行顺序如下。

(1) 先判断表达式(条件)是否成立。

(2) 如果成立，则执行循环体内语句。

(3) 重复上述(1)和(2)过程。

(4) 直到表达式不成立，结束循环。

(5) 继续执行后续语句。

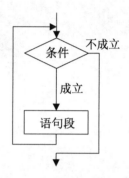

图 4.1 while 语句的流程图

📄 **说明：** 当 while 语句的表达式(条件)一开始就不成立时，一次也不执行循环。

例 **4.1** 用 while 循环输出 $1+2+\cdots+100$ 的结果(即求 $\sum\limits_{n=1}^{100} n$ 的值)。

【算法分析】

第 1 步   计算 0+1。

第 2 步   计算(0+1)+2。

⋮

第 n 步   计算(0+1+2+⋯+n-1)+n。

⋮

第 100 步   计算(0+1+2+⋯+99)+100。

只需要定义一个变量 s，赋予初值为 0。第一次循环 s=0，s 加 1；第二次循环 s=(0+1)，s 加 2，……，第 n 次循环 s=(0+1+2+⋯+n-1)，s 加 n，直到第 100 次循环 s=(0+1+2+⋯+99)，s 加 100。

【伪代码表示的算法】

(1) 定义变量 s 和 n 存放累计的和以及循环次数；累计和清零 s=0；循环变量赋初值 n=1。

(2)　```
while(n<=100)
    {
        s=s+n;
        n=n+1;
    }
```

(3)　输出结果 s。

**【流程图表示的算法】**

流程图表示算法如图 4.2 所示。

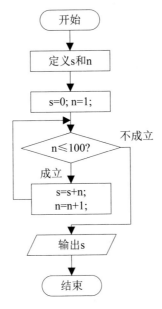

图 4.2　例 4.1 的流程图

**【代码】**

```c
#include <stdio.h>
int main()
{
    int s,n;
    s=0;
    n=1;
    while(n<=100)
    {
        s=s+n;
        n=n+1;
    }
    printf("1+2+3+…+100=%d\n",s);
    return 0;
}
```

【运行结果】

```
1+2+3+…+100=5050
```
```

📝 说明： 当有复合语句参加循环时，要用大括号{ }把它们括起来。例 4.1 代码中的 5～11 行也可以改写成以下两种常见形式。

【形式一】

```
s=1;
n=2;
while(n<=100)
{
    s=s+n;
    n=n+1;
}
```

【形式二】

```
s=1;
n=1;
while(n<100)
{
    n=n+1;
    s=s+n;
}
```

📝 说明：

- 在循环结构中，初值(包括循环变量初值和计算结果初值等)与循环条件是相互影响的。为了避免出错，可以通过演算循环结构开始和结束时的运行状态，如上例中代入 n=1、n=2 以及 n=99、n=100，进一步判断是否符合要求。
- 习惯上，累计求和初值为 0，累计求积初值为 1。

例 4.2 求小于 n 的最大 Fibonacci 数，n 通过键盘输入。

【算法分析】

Fibonacci 数列的递推算法如下。

$f_1=1$；

$f_2=1$；

$f_3=f_1+f_2$；

…

$f_n=f_{n-1}+f_{n-2}$ ($n>2$)。

【代码】

```
#include <stdio.h>
int main()
{
    int n=0;
    int temp=0;
    int f1=1;
```

```
    int  f2=1;
    printf("请输入 n 的值:");
    scanf("%d",&n);
    while(f2<n)
    {
        temp=f2;
        f2=f1+f2;
        f1=temp;
    }
    printf("%d 范围内最大的 Fibonacci 数是%d\n",n,f1);
    return 0;
}
```

【运行结果】

请输入 n 的值:14✓
14 范围内最大的 Fibonacci 数是 13

说明: 在循环结构的设计中，特别需要注意的是**避免死循环**。循环体中必须有改变循环条件的语句，并且可以使程序执行到某一时刻不满足这个条件而结束循环。

例 4.3 计算 $1-\dfrac{1}{3}+\dfrac{1}{5}-\dfrac{1}{7}+\cdots$ 直到最后一项的绝对值小于 10^{-6}。

【代码】

```
#include <stdio.h>
int main()
{
    int n=1;
    float x=1,t=1,s=0;
    while (t>=1e-6)
    {
        t=1.0/(2*n-1);
        s=s+x*t;
        x=(-1)*x;
        n=n+1;
    }
    printf("1-1/3+1/5-1/7+…=%f\n",s);
    return 0;
}
```

【运行结果】

1-1/3+1/5-1/7+…=0.785399

说明:

● while 语句中的表达式一般是关系表达式或逻辑表达式，只要表达式成立(值非 0)即可继续循环。

● 循环体如果包括一个以上的语句，必须用大括号{}把它们括起来，组成复合语句。

4.2 do-while 语句

do-while 语句的基本形式为：

```
do
{
    循环体语句;
} while(表达式);
```

do-while 语句的流程图如图 4.3 所示。

其执行顺序如下。

(1) 执行循环体内语句。

(2) 判断表达式(条件)是否成立。

(3) 如果成立，则重复上述(1)和(2)过程。

(4) 直到表达式不成立，结束循环。

(5) 继续执行后续语句。

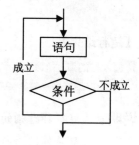

图 4.3 do-while 语句的流程图

说明：

● do-while 语句的执行顺序是：先执行循环体语句；再判断表达式是否成立。

● 当 do-while 语句的表达式(条件)一开始就不成立的时候，已经执行了一次循环语句。因此，do-while 循环至少要执行一次循环语句。

● while(条件)后面的分号不要省略。

例 4.4 用 do-while 循环输出 1+2+⋯+100 的结果(即求 $\sum\limits_{n=1}^{100} n$ 的值)。

【算法分析】

第一步   计算 0+1。

第二步   计算(0+1)+2。

⋮

第 n 步   计算(0+1+2+⋯+n-1)+n。

⋮

第 100 步   计算(0+1+2+⋯+99)+100。

【伪代码表示的算法】

(1) 定义 s、n 存放累计的和以及循环次数；累计和清零 s=0；循环变量赋初值 n=1。

(2) do
```
    {
        s=s+n;
        n=n+1;
    }
    while(n<=100);
```

(3) 输出结果 s。

【流程图表示的算法】

流程图表示算法如图 4.4 所示。

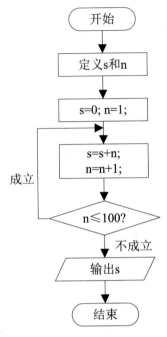

图 4.4　例 4.4 的流程图

【代码】

```c
#include <stdio.h>
int main()
{
    int s,n;
    s=0;
    n=1;
    do
    {
        s=s+n;
        n=n+1;
    }
    while(n<=100);
    printf("1+2+3+…+100= %d\n",s);
    return 0;
}
```

【运行结果】

```
1+2+3+…+100=5050
```

📄 说明：

- 通过例 4.1 和例 4.4 可以看到 while 语句可以转换为 do-while 语句，二者基本是等价的。
- while 语句和 do-while 语句不同的是：当一开始表达式就不成立时，while 语句不执行循环体，而 do-while 语句执行一次循环体。

看以下两段程序有什么不同。

【代码一】

```c
#include <stdio.h>
int main()
{
    int s=0,n=101;
    while(n<=100)
    {
        s=s+n;n=n+1;
    }
    printf("n=%d,s=%d",n,s);
    return 0;
}
```

【运行结果】

```
n=101,s=0
```

【代码二】

```c
#include <stdio.h>
int main()
{
    int s=0,n=101;
    do
    {
        s=s+n;
        n=n+1;
    }while(n<=100);
    printf("n=%d, s=%d",n,s);
    return 0;
}
```

【运行结果】

```
n=102, s=101
```

📄 说明：　当第一次循环条件不成立的时候，while 循环和 do-while 循环结果是不同的。此外，两者可以互换。

例 4.5　求水仙花数。如果一个 3 位数的百位数、十位数和个位数的立方和等于这个数，那么这个数就称为水仙花数。

【代码】

```c
#include <stdio.h>
int main()
{
    int n=100,i,j,k;
    do
    {
        i=n/100;
        j=(n/10)%10;
        k=n%10;
        if(n==i*i*i+j*j*j+k*k*k)
            printf("%d 是水仙花数,满足%d=%d^3+%d^3+%d^3\n",n,n,i,j,k);
        n=n+1;
    }while(n<=999);
    return 0;
}
```

【运行结果】

```
153 是水仙花数,满足 153=1^3+5^3+3^3
370 是水仙花数,满足 370=3^3+7^3+0^3
371 是水仙花数,满足 371=3^3+7^3+1^3
407 是水仙花数,满足 407=4^3+0^3+7^3
```

4.3　for 语句

在 C 语言的循环语句中，for 语句使用最为灵活，它完全可以取代 while 语句。

for 语句的基本形式为：

```
for(表达式 1;循环条件;表达式 2)
{
    循环体语句;
}
```

for 语句的流程图如图 4.5 所示。

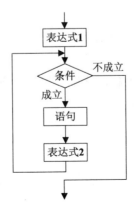

图 4.5　for 语句的流程图

其执行顺序如下。

(1) 先求解表达式 1。

(2) 判断表达式(条件)是否成立。

(3) 如果成立，执行循环体内语句。

(4) 求解表达式 2。

(5) 重复上述(2)～(4)过程，直到表达式(条件)不成立，结束循环。

(6) 继续执行后续语句。

📖 说明：

- 从上面的循环过程可以判断，for 语句可以改写成 while 语句形式：

```
表达式1;
while(循环条件)
{
    循环体语句;
    表达式 2;
}
```

- 从逻辑结构的角度，for 语句比 while 语句略具可读性。所以建议使用 for 语句，尤其建议使用有完整的"表达式 1；循环条件；表达式 2"的 for 语句。

- 有一些循环结构不需要初始化或者不需要改变循环变量，这时使用 while 语句，代码会更为清晰。

例 4.6 用 for 循环输出 1+2+…+100 的结果(即求 $\sum_{n=1}^{100} n$ 的值)。

【算法分析】

第一步   计算 0+1。

第二步   计算(0+1)+2。

⋮

第 n 步   计算(0+1+2+…+n-1)+n。

⋮

第 100 步   计算(0+1+2+…+99)+100。

【伪代码表示的算法】

(1) 定义 s、n 存放累计的和以及循环次数；累计和清零 s=0；循环变量赋初值 n=1。

(2) ```
for(s=0,n=1;n<=100;n=n+1)
{
    s=s+n;
}
```

(3) 输出结果 s。

**【流程图表示的算法】**

流程图表示算法如图 4.6 所示。
```

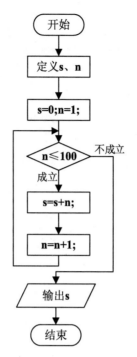

图 4.6 例 4.6 的流程图

【代码】

```
#include <stdio.h>
int main()
{
    int s,n;
    for(s=0,n=1;n<=100;n=n+1)
    {
        s=s+n;
    }
    printf("1+2+3+…+100= %d\n",s);
    return 0;
}
```

【运行结果】

```
1+2+3+…+100= 5050
```

例 4.7 计算 Fibonacci 数列的前 30 项并输出。

【代码】

```
#include <stdio.h>
int main()
{
    long f1=1,f2=1,f3;
    int i;
    printf("%-9ld%-9ld",f1,f2);
    for (i=3;i<=30;i++)                /*i++等价于 i=i+1*/
```

```
    {
        f3=f1+f2;
        printf("%-9ld",f3);
        f1=f2;
        f2=f3;
        if (i%5==0)
            printf("\n");                    /*控制每输出 5 个数就换行*/
    }
    return 0;
}
```

【运行结果】

```
1        1        2        3        5
8        13       21       34       55
89       144      233      377      610
987      1597     2584     4181     6765
10946    17711    28657    46368    75025
121393   196418   317811   514229   832040
```

例 4.8　求具有 abcd=(ab+cd)² 性质的 4 位数。比如：3025 具有这样的性质，将它平分成两段 30 和 25，然后加和取平方值，即 (30+25)²，恰好等于 3025 本身。请求出具有这种性质的全部 4 位数。

【代码】

```
#include <stdio.h>
int main()
{
    int n,a,b;
    for(n=1000;n<10000;n++)
    {
        a=n/100;
        b=n%100;
        if((a+b)*(a+b)==n)
            printf("%d\t",n);
    }
    printf("\n");
    return 0;
}
```

【运行结果】

```
    2025        3025        9801
```

📑 说明：

● for 循环中的"表达式 1(循环变量赋初值)""循环条件"和"表达式 2(循环变量增量)"都是选择项，可以缺省，但分号";"不能缺省。

● for 语句中的表达式 1，一般用于给循环前的某些变量赋初值(超过一个语句用逗号间隔)，如果在循环语句前已经赋过初值，表达式 1 可以省略，但是其后的分号不能省略。省略了"表达式 1(循环变量赋初值)"还可以表示不对循环控制变量赋初值。如例 4.6 中的 for 语句可以改写为:

```
s=0; n=1;
for(;n<=100;n=n+1)
{
    s=s+n;
}
```

● 循环条件也可以省略。如果循环条件省略,循环体中需要有跳出循环的语句。若省略了"循环条件"却没有做其他处理时,便成为死循环。例如:

```
for(i=1;;i++)
{
    sum=sum+i;
}
```

相当于:

```
i=1;
while(1)
{
    sum=sum+i;
    i++;
}
```

上面两段代码形成了死循环。

下面一段代码虽然省略了"循环条件",但做了 break 处理,可以正常跳出循环。

```
for(i=1;;i++)
{
    sum=sum+i;
    if(sum>100)
        break;
}
```

● 表达式 2 可以用于修改循环一次后的循环变量,以确保循环在某一时刻可以结束。如果省略了表达式 2(循环变量增量)的语句,则不对循环控制变量进行操作,这时可以在循环体语句中包含修改控制变量的语句。表达式 2 可以省略,但是表达式 2 前面的分号不能省略。

例 4.6 中的 for 语句可以变换如下:

```
for(s=0,n=1;n<=100;)
{
    s=s+n;
    n=n+1;
}
```

● 省略了"表达式 1(循环变量赋初值)"和"表达式 2 (循环变量增量)"。例如:

```
for(;n<=100;)
{
```

```
    s=s+n;
    n++;
}
```

相当于：

```
while(n<=100)
{
    s=s+n;
    n++;
}
```

- 3 个表达式都可以省略。例如：

```
for( ; ; )语句;
```

相当于：

```
while(1)语句;
```

- 表达式 1 可以是设置循环变量初值的赋值表达式，也可以是其他表达式。例如：

```
for(s=0;n<=100;n++)
{
    s=s+n;
}
```

- 表达式 1 和表达式 2 可以是一个简单表达式，也可以是逗号表达式。例如：

```
for(s=0,n=1;n<=100;n++)
{
    s=s+n;
}
```

或：

```
for(n=0,m=100;n<=100;n++,m--)
{
    k=m+n;
}
```

- 循环条件一般是关系表达式或逻辑表达式，但也可以是数值表达式或字符表达式，只要其值非 0，则执行循环体。例如：

```
for(i=0;(c=getchar())!='\n';i+=c);          /*getchar()从键盘输入一个字符*/
```

又如：

```
for(;(c=getchar())!='\n';)
{
    printf("%c",c);
}
```

但是一般来说，for 语句写成以下形式方便阅读和理解：

```
for(循环变量赋初值;循环条件;循环变量自增自减)
{
    循环体语句;
}
```

【小结】

几种循环的比较如下。

以上介绍了 C 语言常用的循环结构 while 语句、do-while 语句和 for 语句。一般情况下 3 种循环结构可以互相替换，只有当一开始条件就**不成立**时，while 语句和 for 语句**不执行**循环体，而 do-while 语句**执行一次**循环体。while 和 do-while 循环时，循环变量初始化的操作应在 while 和 do-while 语句之前完成，而 for 语句可以在表达式 1 中实现循环变量的初始化。这 3 种循环语句中 for 语句最灵活、功能最为强大，不仅循环变量的初始化可以放在表达式 1 中，而且循环变量的增值甚至整个循环体都可以放入表达式 2 中，所以在 C 语言中 **for 语句最为常用**。

4.4　break 语句和 continue 语句

上面介绍的 3 种循环结构都是当**循环条件不满足**的时候结束循环的。如果循环条件多于一个或者需要**中途退出**循环时，实现起来就比较困难了。此时可以考虑使用 break 语句或者 continue 语句。

4.4.1　break 语句

break 语句通常用在 **switch 语句**和**循环语句**中。当 break 语句用于 switch 语句中时，可使程序跳出 switch 语句而执行 switch 后面的语句；判断条件恒真的循环语句中，如果没有 break 语句，则将成为一个死循环而无法退出。

break 语句除了可以用在 switch 语句中，还可以用在 while 语句、do-while 语句和 for 语句中的循环体中。在循环体中遇见 break 语句时，立即结束循环，跳到循环体外，执行循环结构后面的语句。通常 break 语句总是与 if 语句连在一起，即满足条件时便跳出循环。

break 语句的基本形式为：

```
break;
```

例 4.9　输入一个大于 2 的正整数 n，判断 n 是否是素数。

【算法分析】

如果 n 不能被 2～n-1 中的任何一个整数整除，那么 n 为素数。所以循环执行 n 除以 i，i 分别等于 2～n-1，如果 n 不是素数，则 2～n-1 中至少存在一个数可以整除 n。当 n 可以被 i 整除时，除法运算的余数为 0，则提前结束循环，此时的 i 必定小于 n。如果 n 是素数，则经过 2～n-1 的除法运算，没有余数为 0 的情况，循环由于不满足条件 i<n 而结束。所以如果循环提前结束，i<n，n 不是素数；否则 n 是素数。

【伪代码表示的算法】

(1) 定义 n、i。

(2) 输入数 n。

(3) `for(i=2;i<n;i=i+1)`
　　　　`if(n%i==0)`
　　　　　　`break;`
　　`if(i<n)`　　输出 n 不是素数;
　　`else`　　　输出 n 为素数;

【流程图表示的算法】

流程图表示算法如图 4.7 所示。

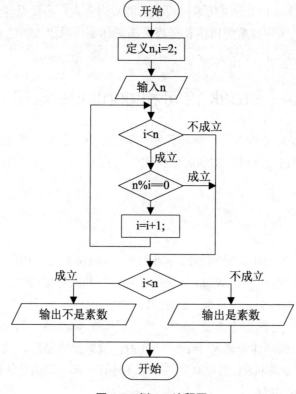

图 4.7　例 4.9 流程图

【代码】

```
#include <stdio.h>
int main()
{
    int n,i;
    scanf("%d",&n);
    for(i=2;i<n;i=i+1)
    {
        if(n%i==0)              /*运算符"%"的执行结果是两个整数相除的余数*/
            break;
```

```
    }
    if(i<n)
        printf("%d不是素数\n",n);
    else
        printf("%d是素数",n);
    return 0;
}
```

【运行结果】

```
73✓
73 是素数
```

4.4.2　continue 语句

continue 语句只用在**循环语句**中。在循环体中遇见 continue 语句，立即**跳过本次循环**的循环体中剩余的语句而**强制执行下一次循环**。通常 continue 语句总是与 if 条件语句一起使用，以加速循环。即在循环体中遇见 continue 语句，则循环体中 continue 语句后面的语句不执行，直接进入下一次循环的判定。

continue 语句的基本形式为：

```
continue;
```

continue 语句只用于循环结构的内部，一般同 if 配合使用。

```
while(表达式1)
{
    操作1;
    if(表达式2)
    {
        操作2;
        continue;
    }
    操作3;
}
```

📖 说明：　当程序执行完操作 1 后，判断表达式 2 的值；如果为真，则执行操作 2，再执行 continue 语句，此时程序直接结束本次循环，跳过操作 3，执行下次循环的判断表达式。

例 4.10　统计 1～50 不能被 3 整除的数的个数，并输出这些数字。
【算法分析】
当 n=1 时，输出 1，计数+1。
当 n=2 时，输出 2，计数+1。
当 n=3 时，结束本次循环，转到第 4 次循环。
当 n=4 时，输出 4，计数+1。
……

【伪代码表示的算法】

(1) 定义 n、s。

(2)
```
for(n=1,s=0;n<=50;n=n+1)
{
    if(n%3==0)
        continue;
    printf("%d\t",n);
    s=s+1;
}
```

(3) 输出统计数 s。

【流程图表示的算法】

流程图表示算法如图 4.8 所示。

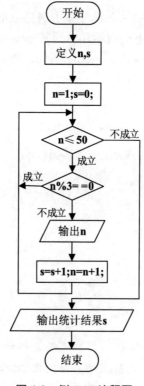

图 4.8　例 4.10 流程图

【代码】

```
#include <stdio.h>
int main()
{
    int n,s;
    for (n=1,s=0;n<=50;n=n+1)
    {
        if(n%3==0)
        continue;
```

```
        printf("%d\t",n);
        s=s+1;
    }
    printf("\ntotal:%d\n",s);
    return 0;
}
```

【运行结果】

```
1    2    4    5    7    8    10   11   13   14   16   17   19   20   22   23   25
26   28   29   31   32   34   35   37   38   40   41   43   44   46   47   49   50
total:34
```

下面比较一下 break 语句和 continue 语句的不同。

【代码一】

```
while(表达式1)
{
…
if(表达式2)
    break;
…
}
```

【代码二】

```
while(表达式1)
{
…
if(表达式2)
    continue;
…
}
```

break 语句流程图如图 4.9 所示，continue 语句流程图如图 4.10 所示。

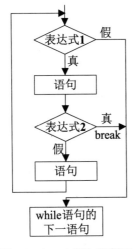

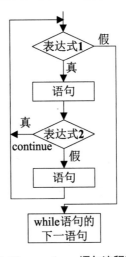

图 4.9　break 语句流程图　　　　图 4.10　continue 语句流程图

说明： break 语句和 continue 语句用在循环体中的作用是不同的。break 语句终止了整个循环过程，而 continue 语句只取消本次循环的 continue 语句后面的内容。如例 4.10 中若将 continue 换成 break，则输出结果为：

```
1  2
total:2
```

4.5 循环语句的嵌套

一个循环语句的**循环体内**包含另一个完整的循环语句，称为循环的嵌套。while 语句、do-while 语句和 for 语句都可以互相嵌套，甚至可以多层嵌套。下面以最常用的 for 语句的嵌套为例介绍循环的嵌套使用。

例 4.11 输出 3～100 的所有素数。

【伪代码表示的算法】

(1) 定义 n、i。

(2) for(n=3;n<=100;n=n+1)
```
    {
        for(i=2;i<=n-1;i=i+1)
            if(n%i==0)
            break;
        if(i>=n)
            输出 n;
    }
```

【代码】

```c
#include <stdio.h>
int main()
{
    int n,i;
    for(n=3;n<=100;n=n+1)
    {
        for(i=2;i<=n-1;i=i+1)
            if(n%i==0)
                break;
        if(i>=n)
            printf("%d\t",n);
    }
    printf("\n");
    return 0;
}
```

【运行结果】

3	5	7	11	13	17	19	23	29	31
37	41	43	47	53	59	61	67	71	73
79	83	89	97						

例 4.12　输出下列图形。

```
1
1   2
1   2   3
1   2   3   4
1   2   3   4   5
1   2   3   4   5   6
1   2   3   4   5   6   7
1   2   3   4   5   6   7   8
1   2   3   4   5   6   7   8   9
```

【算法分析】

输出共 9 行，行号变量为 n，从 1～9 作为外循环。

内循环用于输出一行中的各个元素，得到：

第 1 行执行输出一次，输出 1。

第 2 行执行输出两次，第 1 次输出 1，第 2 次输出 2。

第 n 行执行输出 n 次，第 1 次输出 1，第 2 次输出 2，……，第 n 次输出 n。

所以内循环变量 m，执行输出操作 1～n 次，每次输出结果是内循环变量 m 的值。

【伪代码表示的算法】

(1)　定义 m、n。

(2)
```
for(n=1;n<=9;n=n+1)
{
    for(m=1;m<=n;m=m+1)
        printf("%4d",m);
    printf("\n");
}
```

【流程图表示的算法】

流程图表示算法如图 4.11 所示。

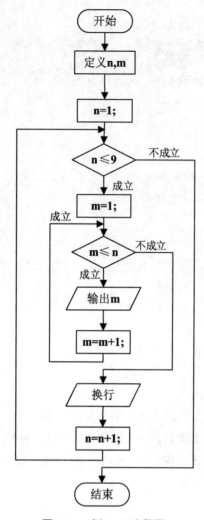

图 4.11 例 4.12 流程图

【代码】

```
#include <stdio.h>
int main()
{
    int m,n;
    for(n=1;n<=9;n=n+1)
    {
        for (m=1;m<=n;m=m+1)
                printf("%4d",m);
            printf("\n");
    }
    return 0;
}
```

【运行结果】

```
1
1   2
1   2   3
1   2   3   4
1   2   3   4   5
1   2   3   4   5   6
1   2   3   4   5   6   7
1   2   3   4   5   6   7   8
1   2   3   4   5   6   7   8   9
```

📑 **说明：**

- 循环嵌套时要注意内循环变量的初始化问题。
- break 只能跳出一层循环(或者一层 switch 语句结构)，参见例 4.11。

例 4.13 输出下图所示的菱形。

```
        *
      *   *   *
    *   *   *   *   *
      *   *   *
        *
```

【算法分析】

这是一道相对复杂一些的循环嵌套的例题。为了更好地解释算法，可以把隐藏的空格符用下画线来表示。从下图中可以很容易看出被输出的"*_"的个数从上至下为 1、3、5、3、1 个，而前面空格的个数为 5、3、1、3、5 个。根据它的递增递减规律，可以将图形分解成两部分：前三行为递增部分；后两行为递减部分。

```
_____*___
_____*___*___*___
___*___*___*___*___*___
_____*___*___*___
_____*___
```

首先分析递增部分。

变量 x 负责输出"_"，变量 y 负责输出"*_"，变量 m 和 n 分别负责 x 和 y 的奇数极限值。具体代码如下：

```
for(n=1,m=3;n<=3;n++,m--)
{
    for(x=1;x<=2*m-1;x++)
        printf(" ");
    for(y=1;y<=2*n-1;y++)
        printf("* ");
    printf("\n");
}
```

现在再来分析递减部分。

变量 x 负责输出"_"，变量 y 负责输出"*_"，变量 m 和 n 分别负责 x 和 y 的奇数极限值。具体代码如下：

```
for(n=2,m=2;n>=1;n--,m++)
{
    for(x=1;x<=2*m-1;x++)
        printf(" ");
    for(y=1;y<=2*n-1;y++)
        printf("* ");
    printf("\n");
}
```

这道题的循环本身不难理解，但是在确定 m 和 n 的初值时却要仔细考虑一下。取得奇数的方法是 2n-1 或 2m-1，那么可以通过反推的方法来确定 m 和 n 的初值为多少的时候可以满足需要的奇数值。

【代码】

```
#include <stdio.h>
int main()
{
    int m,n,x,y;
    for(n=1,m=3;n<=3;n++,m--)
    {
        for(x=1;x<=2*m-1;x++)
        {
            printf(" ");
        }
        for(y=1;y<=2*n-1;y++)
        {
            printf("* ");
        }
        printf("\n");
    }
    for(n=2,m=2;n>=1;n--,m++)
    {
        for(x=1;x<=2*m-1;x++)
        {
            printf(" ");
        }
        for(y=1;y<=2*n-1;y++)
        {
            printf("* ");
        }
        printf("\n");
    }
    return 0;
}
```

【运行结果】

```
        *
    *   *   *
*   *   *   *   *
    *   *   *
        *
```

例 4.14　求方程 2x+3y-4z=10 在[0,10]范围内的全部整数解。

【代码】

```c
#include <stdio.h>
int main()
{
    int x,y,z;
    for(x=0;x<=10;x++)
        for(y=0;y<=10;y++)
            for(z=0;z<=10;z++)
                if(2*x+3*y-4*z==10)
                    printf("x=%2d,y=%2d,z=%2d\n",x,y,z);
    return 0;
}
```

【运行结果】

```
x= 0,y= 6,z= 2
x= 0,y=10,z= 5
x= 1,y= 4,z= 1
x= 1,y= 8,z= 4
x= 2,y= 2,z= 0
x= 2,y= 6,z= 3
x= 2,y=10,z= 6
x= 3,y= 4,z= 2
x= 3,y= 8,z= 5
x= 4,y= 2,z= 1
x= 4,y= 6,z= 4
x= 4,y=10,z= 7
x= 5,y= 0,z= 0
x= 5,y= 4,z= 3
x= 5,y= 8,z= 6
x= 6,y= 2,z= 2
x= 6,y= 6,z= 5
x= 6,y=10,z= 8
x= 7,y= 0,z= 1
x= 7,y= 4,z= 4
x= 7,y= 8,z= 7
x= 8,y= 2,z= 3
x= 8,y= 6,z= 6
x= 8,y=10,z= 9
x= 9,y= 0,z= 2
x= 9,y= 4,z= 5
```

```
x= 9,y= 8,z= 8
x=10,y= 2,z= 4
x=10,y= 6,z= 7
x=10,y=10,z=10
```

例 4.15 画出 y=sin(x)在[0,π]上的图形。

【代码】

```
#include <stdio.h>
#include <math.h>
int main()
{
    int i,j,k;
    float x,y,s;
    s=3.14/20;                  /*在[0,π]的区间里分成20个点输出*/
    for(x=0,i=1;i<=20;i++)      /*i控制输出行数，每行一个点*/
    {
        y=sin(x);
        k=40+30*y;             /*以第40列为x坐标轴，振幅放大30倍*/
        for(j=1;j<k;j++)
            printf(" ");        /*输出sin(x)图形前的空格*/
        printf("*\n");
        x=x+s;
    }
    return 0;
}
```

【运行结果】

习 题 4

一、单项选择题

1. 以下程序执行后的输出结果是(   )。

```
int main()
{
    int i,s=0;
```

```
    for(i=1;i<10;i+=2)
        s+=i+1;
    printf("%d\n",s);
    return 0;
}
```

  A. 自然数 1～9 的累加和　　　　B. 自然数 1～10 的累加和

  C. 自然数 1～9 中的奇数之和　　D. 自然数 1～10 中的偶数之和

2. 以下关于 for 语句的说法，不正确的是(　　)。

  A. for 循环只能用于循环次数已经确定的情况

  B. for 循环是先判断表达式，后执行循环体语句

  C. for 循环中，可以用 break 跳出循环体

  D. for 循环体语句中，可以包含多条语句，但要用花括号括起来

3. 若 i 和 k 都是 int 类型变量，有以下 for 语句：

```
for(i=0,k=-1;k=1;k++)
  printf("*****\n");
```

  下面关于语句执行情况的叙述中，正确的是(　　)。

  A. 循环体执行两次　　　　　　B. 循环体执行一次

  C. 循环体一次也不执行　　　　D. 构成无限循环

4. 以下程序执行后的输出结果是(　　)。

```
int main()
{
    int i,t[]={9,8,7,6,5,4,3,2,1};
    for(i=0;i<3;i++)
        printf("%d",t[2-i]);
    return 0;
}
```

  A. 7 6 5　　　　　B. 8 7 6　　　　　C. 9 8 7　　　　　D. 7 8 9

5. C 语言中，continue;语句只可以用于(　　)语句中。

  A. 顺序　　　　　B. 选择　　　　　C. 循环　　　　　D. 任何

6. 已知 int t=0; while(t=1){...}，则以下叙述正确的是(　　)。

  A. 循环控制表达式的值为 0　　　B. 循环控制表达式的值为 1

  C. 循环控制表达式不合法　　　　D. 以上说法都不对

7. 若有以下程序段：

```
int x=0,s=0;
while(!x!=0)
  s+=++x;
printf("%d",s);
```

  则(　　)。

    A. 执行程序段后输出 0　　　　　　　B. 执行程序段后输出 1

    C. 程序段中的控制表达式是非法的　　D. 程序段执行无限次

8. 设 i、j、k 均为 int 型变量，则执行完下面的 for 语句后，k 的值为(　　)。

```
for(i=0,j=10;i<=j;i++,j--)
  k=i+j;
```

    A. 6　　　　　　　　B. 9　　　　　　　　C. 10　　　　　　　　D. 11

9. C 语言中，break 语句可以用于循环语句和(　　)语句中。

    A. if　　　　　　　　B. switch　　　　　　C. for　　　　　　　　D. while

10. for(i=0;i<=15;i++) printf("%d",i);循环结束后，i 的值为(　　)。

    A. 14　　　　　　　　B. 15　　　　　　　　C. 16　　　　　　　　D. 17

11. 若有以下程序：

```
int main()
{
    char b,c;
    int i;
    b='a';
    c='A';
    for(i=0;i<6;i++)
    {
        if(i%2)
            putchar(i+b);
        else
            putchar(i+c);
    }
    printf("\n");
    return 0;
}
```

    程序执行后的输出结果是(　　)。

    A. ABCDEF　　　　B. AbCdEf　　　　C. aBcDeF　　　　D. abcdef

12. 与语句 while(!x)等价的语句是(　　)。

    A. while(x==0)　　B. while(x!=0)　　C. while(x==1)　　D. while(x!=1)

13. 下述程序段中，while 循环执行次数是(　　)。

```
int k=0;
while(k=1)
  k++;
```

    A. 无限次　　　　　　　　　　　　B. 有语法错误，不能执行

    C. 一次也不执行　　　　　　　　　D. 执行一次

14. 以下程序中，while 循环的次数是(　　)。

```
int main()
{
```

```
    int i=0;
    while(i<10)
    {
        if(i<1)
            continue;
        if(i==5)
            break;
        i++;
    }
    return 0;
}
```

A. 1

B. 死循环，不能确定次数

C. 6

D. 10

15. 若有以下程序段：

```
int k=2;
while(k=0)
{
    printf("%d",k);
    k--;
}
```

则下面描述中，正确的是(　　)。

A. while 循环执行 10 次

B. 循环是无限循环

C. 循环体语句一次也不执行

D. 循环体语句执行一次

16. 以下程序段的循环次数是(　　)。

```
for(i=2;i==0;)
printf("%d" ,i--);
```

A. 无限次　　　　B. 0 次　　　　C. 1 次　　　　D. 2 次

17. 以下程序的输出结果是(　　)。

```
int main()
{
    char c='A';
    int k=0;
    do{
        switch (c++)
        {
            case 'A': k++;break;
            case 'B': k--;
            case 'C': k+=2;break;
            case 'D': k%=2;continue;
            case 'E': k*=10;break;
            default : k/=3;
        }
        k++;
    }while(c<'G');
```

```
        printf("k=%d",k);
        return 0;
    }
```

A. k=3   B. k=4   C. k=2   D. k=0

18. 以下程序的输出结果是(   )。

```
int main()
{
    int x=9;
    for(;x>0;x--)
    {
        if(x%3==0)
        {
            printf("%d",--x);
            continue ;
        }
    }
    return 0;
}
```

A. 741   B. 852   C. 963   D. 875421

19. 若执行以下程序时输入 2473，则程序的运行结果是(   )。

```
int main()
{
    int c;
    while((c=getchar( ))!='\n')
        switch(c-'2')
        {
            case 0:
            case 1: putchar(c+4);
            case 2: putchar(c+4);break;
            case 3: putchar(c+3);
            default: putchar(c+2);break;
        }
    printf("\n");
    return 0;
}
```

A. 668977   B. 668966   C. 66778777   D. 6688766

20. int i=100;，以下不是死循环的程序段是(   )。

A. while(1){i=i%100+1;if(i==100)break;}   B. for(;;);

C. int k=0; do{++k;}while(k>=0);   D. int s=36;while(s);--s;

21. 以下程序段的运行结果是(   )。

```
int a=1,b=2,c=3,t=4;
while(a<b<c)
{
    t=a;
```

```
        a=b;
        b=t;
        c--;
    }
    printf("%d,%d,%d",a,b,c);
```

　　A. 1,2,0　　　　　B. 2,1,0　　　　　C. 1,2,1　　　　　D. 2,1,1

22. 以下 for 循环的执行次数是(　　)。

```
for(x=0,y=0;(y=123)&&(x<4);x++);
```

　　A. 无限循环　　　B. 循环次数不定　C. 4 次　　　　　D. 3 次

23. 以下程序段执行后，变量 k 的值是(　　)。

```
int k=1;
while(k++<10)
int k=2;
```

　　A. 10　　　　　　B. 11　　　　　　C. 9　　　　　　D. 无限循环，值不定

24. 以下程序的执行结果是(　　)。

```
int main()
{
    int k=0,m=0,i,j;
    for(i=0;i<2;i++)
    {
        for(j=0;j<3;j++)
            k++ ;
        k-=j ;
    }
    m=i+j ;
    printf("k=%d,m=%d",k,m);
    return 0;
}
```

　　A. k=0,m=3　　　B. k=0,m=5　　　C. k=1,m=3　　　D. k=1,m=5

25. 以下 for 循环语句(　　)。

```
int i,k;
for(i=0,k=-1;k=1;i++,k++)
    printf("***");
```

　　A. 判断循环结束的条件非法　　　　B. 是无限循环

　　C. 只循环一次　　　　　　　　　　D. 一次也不循环

26. while 循环语句中，while 后一对圆括号中表达式的值决定了循环体是否进行，因此，进入 while 循环后一定要有能使此表达式的值变为(　　)的操作；否则，循环将会无休止地进行下去。

　　A. 0　　　　　　　B. 1　　　　　　C. 成立　　　　　D. 2

27. 以下是死循环的是(　　)。

A. for(i=1;;){if(i++%2==0) continue;if(i++%3==0)break;}

B. i=32767;do{if(i<0) break;} while(++i);

C. for(i=1;;)if(++i<10) continue;

D. i=1; while(i--);

28. 执行语句 for(i=1;i++<4;);后变量 i 的值是(　　).

A. 3　　　　　　B. 4　　　　　　C. 5　　　　　　D. 不定

29. 以下程序段(　　).

```
x=-1;
do
{
    x=x*x;
}
while(!x);
```

A. 是死循环　　　　　　　　　　B. 循环执行两次

C. 循环执行一次　　　　　　　　D. 有语法错误

30. 以下不是死循环的语句是(　　).

A. for(y=9,x=1;x>++y;x=i++) i=x;　　B. for(;;x++=i);

C. while(1){x++;}　　　　　　　　D. for(i=10;;i--) sum+=i;

二、判断题

1. 有程序段: int k=10; while (k=0) k=k-1;, 则语句 k=k-1 执行 10 次。　(　　)

2. C 语言中 while 和 do-while 循环的主要区别是: do-while 语句至少无条件执行一次。　(　　)

3. 执行语句 for(i=1;i++<7;);后, 变量 i 的值不能确定。　(　　)

4. 只能用 continue 语句来终止本次循环。　(　　)

5. for 循环是先执行循环体语句, 后判断表达式。　(　　)

6. 在循环体内使用 break 语句和 continue 语句的作用相同。　(　　)

7. continue 语句的作用是结束整个循环的执行。　(　　)

8. for()循环语句中, 变量赋初值部分的语句可以写在循环体中。　(　　)

9. 语句 while(k--)是先判断条件再执行 k=k-1。　(　　)

10. for()循环语句中, 循环变量增量部分的语句可以写在循环体中。　(　　)

三、程序填空题

1. 以下程序的功能是: 计算 1*1+2*2+…+100*100 的结果。请填空。

```
#include<stdio.h>
int main()
{
    int s=0,n;
    for(_____;_____;_____)
```

```
            _____;
    printf("1+2+3+…+100=%d\n",s);
    return 0;
}
```

2. 以下程序的功能是：随机输入 10 个数，输出 10 个数中奇数之和。请填空。

```
#include<stdio.h>
int main()
{
    int i,a,s=0;
    for(_____;_____;_____)
    {
        scanf("%d",&a);
        if(_____)
            _____;
    }
    printf("正数之和为：%d\n",s);
    return 0;
}
```

3. 以下程序的功能是：给变量 x 赋值，其中 x>0。如果 x≥10，退出循环；否则执行计算式 x=x+2，直到 x≥10 为止，输出计算式执行次数。请填空。

```
#include <stdio.h>
int main()
{
    int i, x,c=0;
    while(_____)
    {
        scanf("%d",&x);
        if(x>=10)
            _____;
        else
        {
            _____;
            _____;
        }
    }
    printf("%d\n",c);
    return 0;
}
```

4. 以下程序的功能是：计算 1*1+2*3+3*5+…+n*(2*n-1)的前 50 项结果。请填空。

```
#include<stdio.h>
int main()
{
    int s=0,n,i;
    for(_____,_____;n<=50;_____,_____)
        _____;
    printf("1+3+5+…+(2*n-1)=%d\n",s);
```

```
    return 0;
}
```

5. 以下程序的功能是：统计 50～100 不能被 3 整除的数，并输出结果。请填空。

```
#include <stdio.h>
int main()
{
    int n,count=0;
    for(n=50;n<=100;n++)
    {
        if(_____)
            _____;
        printf("%d\t",n);
    }
    return 0;
}
```

6. 以下程序的功能是：输入一组字符，统计字符中大写字母和小写字母的个数。请填空。

```
int main()
{
    int m=0,n=0;
        char c;
        while((_____) ! '\n')
    {
        if(c>='A' && c<='Z')
            m++;
            if (c>='a' && c<='z')
            n++;
    }
    return 0;
}
```

7. 以下程序的功能是：在输入的一批正数中求最大者，输入 0 结束循环。请填空。

```
int main ( )
{
    int a,max=0;
    scanf("%d",&a);
    while (_____)
    {
        if (max<a)
            max=a ;
        scanf ("%d",&a);
    }
    printf("%d",max);
    return 0;
}
```

四、编程题

1. 用 for 循环计算 2+4+…+100 的结果。

2. 输入一个整数，判断并输出 0 到该数间所有偶数。

3. 输出 100 以内所有能够同时被 5 和 7 整除的整数。

4. 输入一个 3 位数，判断该数是否是"水仙花数"。所谓"水仙花数"是指一个 3 位数，其各位数字的立方和等于该数本身。例如，153 是一个"水仙花数"，因为 $153 = 1^3 + 5^3 + 3^3$。

5. 计算 Fibonacci 数列的前 10 项，并输出。

6. 用 while() 循环编程，求 s=1+(1+2)+(1+2+3)+…+(1+2+3+…+n) 的值。

7. 输入一个大于 0 的正整数，输出该数的倒序形式，即输入 1234，输出 4321。

8. 判断并输出 0～50 所有的素数。

第5章

数　组

　　数组是有序数据的集合，即某一数组中的所有元素都属于同一数据类型，并且是按顺序存放在一个连续的存储空间内。本章主要介绍 C 语言中数组的定义和使用，包括一维数组的定义、引用和初始化；二维数组的定义、引用和初始化；字符数组的使用；字符串的定义、赋值、初始化和常用字符串函数。

学习目标

　　本章要求熟练掌握一维数组的使用，了解二维数组的应用，掌握字符串的定义、赋值和初始化，能运用字符串常用函数解决实际编程问题，了解二维字符串数组的使用。

本章要点

- 一维数组的定义和引用
- 二维数组的定义和引用
- 字符数组的定义和赋值
- 字符串的使用

前几章的程序中使用的数据都是属于基本数据类型的数据(整型、字符型、浮点型等)，它们的共同特征是表示某种数据类型的单一值。而在实际应用中，经常需要表示同一种数据类型的数据集合。例如，一个班级有 30 名学生，要存储这 30 名同学的数学成绩，当然可以定义 30 个 float 类型的变量，即 score1、score2、score3、…、score30，这样处理存在的问题是太烦琐，定义 30 个变量的工作量太大，万一要存储全校所有学生的数学成绩怎么办？而且这种方式没有反映出这些数据间的内在联系，这些数据是同一个班级、同一门课的成绩。如果可以构造一种类型，能直接表示 30 名学生的数学成绩，操作将大大简化。C 语言提供了 3 种构造类型，即数组类型、结构体类型和共用体类型，它们可以更为方便地描述现实问题中的复杂数据结构。例如，上述问题可以定义数组 float score[30]，用来实现存储和表示 30 名学生的数学成绩。

本章将介绍构造类型的数组，其他构造类型会在后边的章节介绍。

数组是有序数据的集合，即某一数组中的所有元素都属于同一数据类型，并且是按顺序存放在一个连续的存储空间内。数组的优点是用一个统一的数组名和下标来唯一确定数组中的元素。

将数组和循环结合起来，可以有效地处理大批量的数据，提高工作效率，十分方便。

5.1 一维数组的定义和引用

5.1.1 一维数组的定义

一维数组是数组中最简单的。例如，需要存储 30 名学生的数学成绩，可以定义为一维数组，其中的每个元素都可以用数组名加上一个下标来唯一确定，"第 7 名同学的数学成绩"表示为 $score_7$，其中下标代表学生的序号。如果需要存储和表示的数据改为：3 个班级每班 30 名学生的数学成绩，则需要定义为二维数组，其中每个元素要指定两个下标才能唯一地确定。例如，"第 2 个班级第 4 名学生的数学成绩"表示为 $score_{2,4}$，其中第一个下标代表班，第二个下标代表在该班中学生的序号。依此类推，还可以有三维数组甚至多维数组，它们的概念和用法基本上是相同的。熟练掌握一维数组后，对二维或多维数组的学习很容易举一反三。

在 C 语言中要使用数组必须先进行定义，即通知计算机由哪些数据组成数组，数组中有多少个元素，都属于哪种数据类型。

一维数组的定义形式为：

> 类型说明符　数组名[元素个数]；

其中各部分的含义说明如下。

- 类型说明符是任意一种基本数据类型或构造数据类型。
- 数组名是用户定义的数组标识符，要符合 C 语言标识符的命名规则。
- 数组名后的"[ ]"是数组的标志，不能用其他符号代替。

● 方括号中表示数据元素的个数，也称为数组的长度。必须是一个固定的值，可以是整型常量、符号常量或者整型常量表达式。

例如：

```
int a[10];              /*定义整型数组 a, 有 10 个元素*/
float b[2+3];           /*定义单精度浮点型数组 b, 有 5 个元素*/
char ch[3*5];           /*定义字符型数组 ch, 有 15 个元素*/
```

定义数组时，系统会根据数组的类型和元素个数分配一段连续的存储空间存储数组元素。例如，上述定义的数组 a、b 和 ch，存储空间分别为 40B(32 位编译器中，每个整型变量占 4 字节，10 个数组元素总字节数为 40)、20B(32 位编译器中，每个单精度浮点型变量占 4 字节，5 个数组元素总字节数为 20)和 15B(32 位编译器中，每个字符型变量占 1 字节，15 个数组元素总字节数为 15)。

💡 **注意：** C 语言不允许对数组的大小做动态定义，即数组大小不依赖于程序运行过程中的变量值，所以不能使用变量或是变量表达式来定义数组长度。当然，也不能不定义数组的大小。例如，下面定义数组的语句是不对的：

```
int n=3,a[n];           /*不合法, n 为变量*/
char b[];               /*不合法，数组未定义大小*/
```

5.1.2　一维数组元素的引用

数组定义后便可使用，在进行数组的使用时要注意：只能逐个引用数组元素而不能一次引用整个数组。

数组元素引用的一般形式为：

数组名[下标]

其中，下标可以是整型常量、整型变量或者整型表达式，其范围从 0 开始，小于等于"元素个数-1"。

例如，已知 int n=1,a[5];，

a[0]、a[n]、a[n+1]、a[2*2]都是正确的数组元素引用方式。a[5]、a[7]不是正确的数组元素引用方式。

数组元素存放是按下标的顺序依次连续存放的，参见例 5.1。

例 5.1　将整数 1～10 存入一个整型数组，再逆序输出。

【代码】

```
#include <stdio.h>
int main()
{
    int i,a[10];
    for(i=0;i<10;i++)
    {
        a[i]=i+1;
```

```
    }
    for(i=9;i>=0;i--)
    {
        printf("%2d ",a[i]);
    }
    return 0;
}
```

【运行结果】

```
10 9 8 7 6 5 4 3 2 1
```

📝 说明：

● 定义数组 a 时系统给数组 a 分配了 4×10=40 字节的存储空间，假设起始地址为 2000，则数组 a 的存储情况如图 5.1 所示。系统会依据元素的下标依次找到每个元素的存储位置，并赋予相应的值。当数组名单独使用时，表示系统为该数组分配的存储空间的起始地址，即第一个元素的地址&a[0]，因此有 a=&a[0]=2000。

图 5.1　数组在内存中的存储示例

● 需要注意的是，C 语言不检查数组的边界，所以如果数组元素越界，如例 5.1 中引用数组元素 a[10]，编译不会提示错误，但是运行时可能导致其他变量甚至程序被破坏。

● 数组元素的使用方法与同类型变量的使用方法相同。数组常用循环语句来处理，如例 5.1 中数组元素的赋值和输出。

5.1.3　一维数组的初始化

给数组赋值的方法除了通过输入或者赋值语句对数组元素逐个赋值外，还可以在定义的同时给出元素的初值，即数组的初始化。数组初始化是在编译阶段进行的，这样将减少运行时间，提高效率。

数组初始化的一般形式为：

```
类型说明符 数组名[元素个数]={元素值表列};
```

其中在{ }中的各数据值即为各数组元素的初值，值之间用逗号间隔。例如：

```
char a[3]={ 'a', 'b', 'c'};
```

相当于：

```
char a[3];
a[0]= 'a';a[1]= 'b';a[2]= 'c';
```

C 语言对数组的初始化还有以下几点规定。

(1) 可以只给部分元素赋初值。

当{ }中值的个数少于元素个数时，只给前面部分元素赋值。例如：

```
int a[10]={0,1,2,3,4};
```

表示只给 a[0]~a[4]的 5 个元素赋值，而后 5 个元素被系统自动设置为 0(如果是字符型数组，则初始化为'\0'；如果是指针型数组，则初始化为 NULL，即空指针)。

(2) 当给全部元素赋初值时，在数组定义中，可以不给出数组元素的个数。

例如：

```
int a[5]={1,2,3,4,5};
```

可写为：

```
int a[ ]={1,2,3,4,5};
```

此时，系统将根据数据初始化时大括号内值的个数决定该数组的元素个数。但是如果提供的初值小于数组希望的元素个数时，方括号内的元素个数不能省略。

(3) 数组初始化只能在数组定义的同时赋初值，定义之后再赋值只能一个元素一个元素地赋值。

例如：

```
int num[3];
num[3]={10,20,30};              /*不合法，数组 num 已定义，不能进行数组初始化*/
```

以下赋值方式是对的。

```
int num[3];
num[0]=10; num[1]=20; num[2]=30;              /*合法*/
```

5.2　二维数组的定义和引用

5.2.1　二维数组的定义

前面已提到，在实际问题中有很多量是二维的，因此 C 语言允许构造二维数组。

二维数组常称为**矩阵**，把二维数组写成行和列的排列形式，有助于形象化地理解二维数组的逻辑结构。

二维数组元素有两个下标，以标识它在数组中的位置。

二维数组定义的一般形式为：

类型说明符　数组名[元素个数 1][元素个数 2];

其中元素个数 1 表示第一维下标的长度，元素个数 2 表示第二维下标的长度。

例如：

```
int a[3][4];
```

表示定义了一个 3 行 4 列的二维数组，数组名为 a，数组有(3×4)12 个元素。C 语言把二维数组看成是一维数组的集合，即二维数组是一种特殊的一维数组，它的每一个元素又是一个一维数组。例如，二维数组 a[3][4]，可以看作由 3 个一维数组 a[0]、a[1]、a[2]组成，这 3 个数组元素各自又包含 4 个整型数组元素，如图 5.2 所示。

a[0]	a[0][0]	a[0][1]	a[0][2]	a[0][3]
a[1]	a[1][0]	a[1][1]	a[1][2]	a[1][3]
a[2]	a[2][0]	a[2][1]	a[2][2]	a[2][3]

图 5.2　二维数组和一维数组的关系

由于 a[0]、a[1]、a[2]相当于一维数组名，按照一维数组的引用方式，a[0][0]、a[1][0]、a[2][0]则分别是一维数组 a[0]、a[1]、a[2]的第 1 个元素。C 语言的这种处理方式为多维数组的初始化、元素的使用以及指针表示数组带来了极大的方便。

二维数组的下标在两个方向上变化，但是实际的硬件存储器却是连续编址的，也就是说，存储器单元是按一维线性排列的。如何在一维存储器中存放二维数组，可有两种方式：一种是按行排列，即放完一行之后顺次放入第二行；另一种是按列排列，即放完一列之后再顺次放入第二列。在 C 语言中，二维数组是按行排列的，即先存放 a[0]行，再存放 a[1]行，最后存放 a[2]行。每行中的 4 个元素也是依次存放。上边定义的二维数组 a 的元素存放顺序如图 5.3 所示。

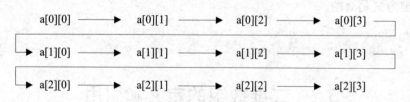

图 5.3　二维数组元素的存储顺序

假设二维数组 a 的首地址为 1000，图 5.4 详细描述了该二维数组元素在存储空间中的存储形式。

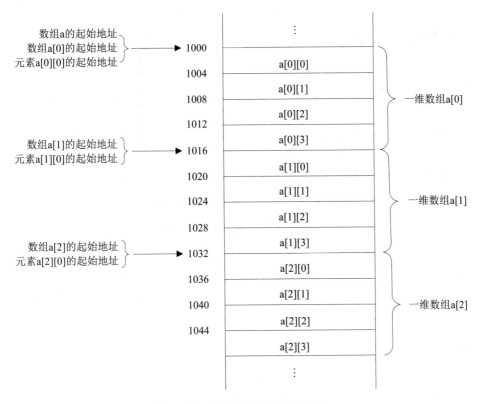

图 5.4　二维数组在内存中的存储

C 语言允许使用多维数组,有了二维数组的基础,多维数组的定义方式可以按照二维数组的方式定义:

类型说明符 n 维数组名[元素个数 1][元素个数 2]…[元素个数 n];

例如,定义一个三维数组:

```
float a[2][3][4];
```

多维数组元素的存放顺序为:第一维的下标变化最慢,最右边的下标变化最快。上述三维数组 a 的元素在存储空间中的排列顺序如图 5.5 所示。

a[0][0][0]	a[0][0][1]	a[0][0][2]	a[0][0][3]
a[0][1][0]	a[0][1][1]	a[0][1][2]	a[0][1][3]
a[0][2][0]	a[0][2][1]	a[0][2][2]	a[0][2][3]
a[1][0][0]	a[1][0][1]	a[1][0][2]	a[1][0][3]
a[1][1][0]	a[1][1][1]	a[1][1][2]	a[1][1][3]
a[1][2][0]	a[1][2][1]	a[1][2][2]	a[1][2][3]

图 5.5　三维数组元素的存储顺序

5.2.2　二维数组元素的引用

二维数组元素的引用形式为：

数组名[下标1][下标2]

同一维数组一样，二维数组的下标可以是整型常量、整型变量或整型表达式。例如：

```
int x[2][4];
x[0][2]=10;x[1][2]=5;
```

为了方便理解二维数组下标的含义，可以将二维数组看作一个行列式或矩阵，则第一个下标确定的是元素的行号(取值从 0 到"元素个数"的值减 1)，第二个下标确定的是元素的列号(取值从 0 到"元素个数"的值减 1)。

💡 **注意：**　下标值应当在已定义的数组大小的范围内，上述定义的二维数组 x，行下标值最大为 1，列下标值最大为 3，因此语句 x[2][4]=10;是错误的。

例 5.2　理解二维数组下标的含义。

【代码】

```
#include <stdio.h>
int main()
{
    int i,j,a[2][3],b[2][3];
    for(i=0;i<2;i++)                    /*外层循环变量 i 控制行下标*/
    {
        for(j=0;j<3;j++)                /*内层循环变量 j 控制列下标*/
        {
            a[i][j]=i;                  /*数组 a 的元素值等于其对应的行号*/
        }
    }
    for(i=0;i<2;i++)                    /*外层循环变量 i 控制行下标*/
    {
        for(j=0;j<3;j++)                /*内层循环变量 j 控制列下标*/
        {
            b[i][j]=j;                  /*数组 b 的元素值等于其对应的列号*/
        }
    }
    printf("a: \n");                    /*输出二维数组 a*/
    for(i=0;i<2;i++)
    {
        for(j=0;j<3;j++)
        {
            printf("%3d",a[i][j]);
        }
        printf("\n");                   /*输出一行后回车换行*/
    }
    printf("b: \n");                    /*输出二维数组 b*/
```

```
    for(i=0;i<2;i++)
    {
        for(j=0;j<3;j++)
        {
            printf("%3d",b[i][j]);
        }
        printf("\n");                /*输出一行后按回车换行*/
    }
    return 0;
}
```

【运行结果】

```
a:
  0  0  0
  1  1  1
b:
  0  1  2
  0  1  2
```

说明： 可以看出，数组 a 的某个元素值等于该元素所在行的行号(从 0 开始)，即首
行的元素值都为 0，下一行的元素值都为 1。数组 b 的某个元素值等于该元
素所在列的列号(从 0 开始)，即第 0 列的元素值都为 0，第 1 列的元素值都
为 1，第 2 列的元素值都为 2。

5.2.3　二维数组的初始化

可以用下面的方法对二维数组初始化。

(1) 按行对二维数组初始化。

例如：

```
int a[3][2]={{8,7},{6,5},{9,0}};
```

这种方式比较直观，第一对大括号里的数据赋给第一行的元素，第二行大括号里的数据赋
给第二行里的元素，依此类推，按行赋值。

(2) 按数组元素的存储顺序对各元素赋初值。

例如：

```
int a[3][2]={8,7,6,5,9,0};
```

将所有数据写在一个大括号内，即第 1 个值赋给 a[0][0]，第 2 个值赋给 a[0][1]，第 3 个值
赋给 a[1][0]，……，效果和第一种方式的例子相同。当数据比较多时，这种方式没有第一
种方式直观，容易遗漏，不易检查。

(3) 可以对部分元素赋初值。

例如：

```
int x[3][3]={{0,7},{6},{0,9}};
```

表示 a[0][1]=7，a[1][0]=6，a[2][1]=9，其他元素值被自动赋为 0。

如果一个二维数组的某一行全为 0，则对应行的大括号内的值和逗号都可以省略，但大括号不能省略。例如：

```
int x[3][3]={{7},{},{0,9}};
```

表示矩阵：

$$\begin{pmatrix} 7 & 0 & 0 \\ 0 & 0 & 0 \\ 0 & 9 & 0 \end{pmatrix}$$

这种方式对于非 0 元素很少的二维数组比较方便，只需给少量元素赋值。

(4) 如果对全部数据元素都赋初值，则定义数组时第一维的长度可以省略，但第二维的长度不能省略。

例如：

```
int a[][2]={8,7,6,5,9,0};
```

系统会根据元素总个数分配存储空间，一共 6 个数据，每行两个数据，当然可以确定数组为 3 行。此外，分行赋初值时，二维数组定义也可以省略第一维的长度。例如：

```
int a[][3]={{8,7},{0,1},{9}};
```

这种写法编译系统能自动判定数组有 3 行。

(5) 同一维数组一样，二维数组初始化的赋值方式只能用于数组定义的时候，定义之后再赋值只能一个元素一个元素地赋值。

5.3 字 符 数 组

用来存放字符数据的数组是**字符数组**，所以字符数组的定义、引用、初始化同样遵循本章关于数组的规定。

例如，有一个字符序列：I am happy，它是由 10 个字符'I'、' '、'a'、'm'、' '、'h'、'a'、'p'、'p'、'y'组成的，采用字符数组的方式处理，将该字符序列存放在字符数组 s 中，如图 5.6 所示。

s[0]	s[1]	s[2]	s[3]	s[4]	s[5]	s[6]	s[7]	s[8]	s[9]
I		a	m		h	a	p	p	y

图 5.6 字符数组的存储

该字符数组的定义和赋值可以采用以下 3 种方法。

方法一：先定义字符型数组，再利用赋值运算符逐个元素赋值。

```
char s[10];
s[0]= 'I'; s[1]= ' '; s[2]= 'a'; s[3]= 'm'; s[4]= ' ';
s[5]= 'h';s[6]= 'a'; s[7]= 'p'; s[8]= 'p';s[9]= 'y';
```

方法二：定义字符数组的同时初始化。

```
char s[10]={ 'I', ' ', 'a', 'm', ' ', 'h', 'a', 'p', 'p', 'y'};
```

方法三：定义字符数组后，利用键盘输入为逐个元素赋值。

```
char s[10];
int i;
for(i=0;i<10;i++)
{
    scanf("%c",&s[i]);
}
```

所以，字符数组的赋值符合数组的有关要求，除了在定义时初始化，只能逐个元素地赋值。同样将字符数组中的全部内容输出，也只能逐个元素地输出。例如：

```
for(i=0;i<10;i++)
{
    printf("%c",s[i]);
}
```

也可以定义和初始化一个二维字符数组。例如：

```
char drawing[5][5]={
        {' ', ' ', '*'},
        {' ', '*', ' ', '*'},
        {'*', ' ', ' ', ' ', '*'},
        {' ', '*', ' ', '*'},
        {' ', ' ', '*'},
    };
```

用它可以表示图 5.7 所示的平面图形。

图 5.7 二维字符数组表示的图形

5.4 字 符 串

5.4.1 字符串的定义和赋值

用 5.3 节处理字符序列的方式存在以下问题。

(1) 无法处理字符序列长度变化的情况，因为字符数组定义后长度是固定的，而字符序列扩展时可能导致数组存放不下，缩减时又造成存储空间的浪费。

(2) 这种方式只能对字符序列的单个元素进行处理，不能整体操作。

C 语言中常将字符序列作为字符串来处理，由于字符串结构的特殊性，它不仅具备一般单个字符集合的所有处理方式，而且它的输入输出更为灵活，并且可以使用 C 语言提供的强大的字符串处理函数。所以 C 语言字符串的处理方式极大地提高了 C 语言处理字符序列的能力。

字符串的处理是基于字符数组的。字符串的特点是在存储时，除了把字符按照从左到右的顺序依次存放在数组中，还在数组尾部加一个结束标志'\0'。

说明: 字符'\0'的 ASCII 码值为 0，该字符不是一个可以显示的字符，而是一个"空操作符"，即它什么也不做，用它来作为字符串结束标志不会产生附加的操作或增加有效字符，只起到供辨别的作用。

所以用字符数组存放字符串，赋值时应包括结束标志'\0'。

例如，存放字符串"china"的字符数组至少需要 6 字节，依次赋值字符'c'、'h'、'i'、'n'、'a'和'\0'。

例如，将"Hello"放在数组 c 中，如图 5.8 所示。

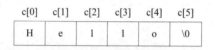

c[0]	c[1]	c[2]	c[3]	c[4]	c[5]
H	e	l	l	o	\0

图 5.8 字符串的存储

定义和赋值仍可采用 5.3 节中的 3 种方法，但要注意数组大小的确定。

方法一: 先定义字符型数组，再利用赋值运算符逐个元素赋值。

```
char c[6];
c[0]= 'H'; c[1]= 'e'; c[2]= 'l'; c[3]= 'l'; c[4]= 'o'; c[5]= '\0';
```

方法二: 定义字符数组的同时初始化。

```
char c[6]={ 'H', 'e', 'l', 'l', 'o', '\0'};
```

方法三: 定义字符数组后，利用键盘输入为逐个元素赋值。

```
char c[6];
int i;
for(i=0;i<6;i++)
{
    scanf("%c",&c[i]);
}
```

字符串的输出也可采用单个字符逐个输出的方式。

```
for(i=0;i<6;i++)
{
    printf("%c",c[i]);
}
```

此外，还可以采用 C 语言提供的输入输出字符串的格式符"%s"，它实现从键盘上一次读取若干字符，直至遇到空格或回车结束，并自动添加'\0'到字符序列尾部。也就是第四种方法。

方法四：

```
char c[6];
scanf("%s",c);
```

对应的输出语句为：

```
printf("%s",c);
```

📖 **说明：**

- 当格式符为"%s"时，scanf()函数的地址列表是字符数组的名字，由于字符数组名本身表示的就是地址，无须在数组名前加地址符"&"。
- 使用"%s"的 printf()函数，将从字符数组的起始位置开始输出，直至遇到第一个'\0'时停止(并不输出'\0')。因此有了结束标志'\0'后，字符数组的长度就不重要了，在程序中往往通过检测'\0'的位置来判定字符串是否结束。

此外，字符串的初始化还可以采用以下方法。

方法五：

```
char c[6]={ "Hello"};              /*双引号表示 Hello 是字符串*/
```

方法六：

```
char c[6]= "Hello";                /*大括号可以省略*/
```

当字符串的长度等于数组长度时，定义数组的元素个数也可以省略，即：

```
char c[ ]= "Hello";
```

字符数组长度可以大于字符串长度，例如：

```
char c[10]= "Hello";
```

可见，直接采用字符串的初始化(方法四、方法五、方法六)比以单个字符形式初始化(方法一、方法二、方法三)书写更简单。

5.4.2　字符串的输入和输出函数

在 C 语言中提供了字符串的输入输出函数 gets()和 puts()，它们是在头文件 stdio.h 中定义的，用于整个字符串的输入输出，具体使用方法如下。

1. 字符串输出函数 puts( )

字符串输出函数的作用是将一个字符串(以'\0'结束的字符序列)输出到终端。其一般形式为：

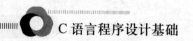
```
puts(字符数组名);
```

或

```
puts(字符串常量);
```

例如，已定义 str 是一个字符数组名，且该数组被初始化为"china"，则执行 puts(str); 的结果是在终端输出 china。

```
puts("china");//结果也是输出 china
```

💡 **注意：**

(1) 函数 puts( )一次只能输出一个字符串。

例如，输出两个存放字符串的数组 s1、s2，不能使用"puts(s1,s2);"，而只能分别输出："puts(s1); puts(s2);"。

(2) 函数 puts( )输出的字符串中可以包含转义字符。

例如：

```
char str[]={"first\nsecond"};
puts(str);
```

输出为：

```
first
second
```

(3) 函数 puts( )输出字符串后自动换行，而 printf( )不能实现。

字符串在 C 语言中是通过一维字符数组来存储的。根据指针表示法和数组表示法的等价性，可以使用指向字符数组的指针变量来实现字符串的操作。

2. 字符串输入函数 gets( )

字符串输入函数的作用是将一个字符串输入到字符数组中。其一般形式为：

```
gets(字符数组名);
```

例如：

```
char str[10];
gets(str);
```

如果从键盘上输入 ok，则字符序列 ok 赋予字符数组 str，数组尾部会自动被赋予'\0'。

因此，gets()函数同 scanf()函数一样，在读入一个字符串后，系统会自动在字符串后加上一个字符串结束标志'\0'。

💡 **注意：**

(1) 函数 gets( )一次只能输入一个字符串。

例如，有两个存放字符串的数组 s1、s2，不能使用"gets(s1,s2);"，而只能分别输入：

"gets(s1); gets(s2);"。

(2)　函数 gets( )可以读入包含空格和 Tab 的全部字符,直至遇到回车符为止。

而使用格式符"%s"的函数 scanf( ),以空格、Tab 或回车符作为一段字符串的间隔符或结束符,所以含有空格或 Tab 的字符串要用 gets( )函数输入。

5.4.3　字符串操作函数

C 语言提供了很多字符串操作函数,其对应的头文件为 string.h,这些库函数极大地方便了字符串的使用。本小节介绍比较常用的字符串操作函数,其中出现的"字符串"可以是字符串常量、存放字符串的字符数组名或者是存储字符串的起始地址(字符串指针)。

程序中凡是用到本节的函数,需要在程序开头添加#include <string.h>。

1. strlen(字符串)

strlen()函数是测试字符串长度的函数。它的返回值是字符串中字符的个数,不包括'\0'在内。例如:

```
char str[10]={ "hello"};
printf("%d",strlen(str));
```

输出结果是 5,而不是 6 或 10。

也可以直接调用该函数求字符串常量的长度。例如:

```
strlen("hello");
```

返回值仍为 5。

2. strcat(字符数组 1,字符串 2)

strcat()函数作用是将字符串 2 的内容复制连接在字符数组 1 的后面,其返回值为字符数组 1 的地址。

例 5.3　strcat()函数使用示例。

【代码】

```
#include <stdio.h>
#include <string.h>      /*程序中使用函数 strcat(),要包含 string.h 头文件*/
int main()
{
    char s1[15]= "Hello",s2[]="World";
    strcat(s1,s2);
    printf("s1: %s\ns2: %s\n",s1,s2);
    return 0;
}
```

【运行结果】

```
s1: HelloWorld
s2: World
```

📄 说明：

● strcat(s1,s2);语句执行前后数组 s1、s2 的存储情况，如图 5.9 所示。

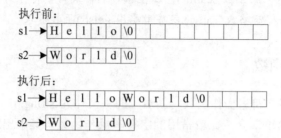

图 5.9　strcat( )函数使用示例

● 数组 s1 不能是字符串常量，并且容量必须足够大，以便可以继续容纳字符串 s2 的内容。

● 连接后字符数组 s1 的'\0'被字符串 s2 的第一个字符覆盖，生成新字符串的最后保留一个'\0'。

3. strcpy(字符数组 1,字符串 2)

strcpy( )函数作用是将字符串 2 的内容复制在字符数组 1 中。

例如：

```
char s1[10],s2[]="World",s3[10];
strcpy(s1,s2);
strcpy(s3, "World");
```

执行后字符数组 s1、s3 中都放入了字符串"World"。

使用 strcpy( )时要注意以下两点。

(1)　字符数组 1 容量必须足够大，以便容纳字符串 2 的内容。

(2)　字符串 2 可以是字符数组名也可以是字符串常量。当字符串 2 为字符数组名时，只复制第一个'\0'前边的内容(含'\0')，其后内容不复制。

此外，要注意，不能用赋值运算符"＝"将一个字符串常量或字符数组一次赋予另一个字符数组。

例如，已知 char s1[10]，s2[]="World";，

语句 str1=str2;是错误的。

例 5.4　编写一个函数 string_copy( )完成 strcpy( )的功能，并验证。

【代码】

```
#include <stdio.h>
#include <string.h>         /*程序中使用函数 strcpy()，要包含 string.h 头文件*/
void string_copy(char str1[],char str2[])
{
    int i;
```

```
    for(i=0;str2[i]!= '\0';i++)
    {
        str1[i]=str2[i];
    }
    str1[i]= '\0';
}
int main()
{
    char s1[10],s2[]="World";
    char s3[10],s4[]="World";
    strcpy(s1,s2);                      /*调用库函数 strcpy()*/
    printf("s1: %s  s2: %s\n",s1,s2);
    string_copy(s3,s4);                 /*调用用户自定义函数 string_copy()*/
    printf("s3: %s  s4: %s\n",s3,s4);
    return 0;
}
```

【运行结果】

```
s1: World  s2: World
s3: World  s4: World
```

> 说明：　用户自定义函数 string_copy()通过使用循环语句，将字符数组 str2 的内容赋
> 予 str1，直到 str2[i]='\0'结束。此时'\0'还未赋予字符数组 str1，所以在循环结
> 束后需要加上 str1[i]= '\0'。

4. strcmp(字符串 1,字符串 2)

strcmp()函数的作用是比较字符串 1 和字符串 2。

规则是：两个字符串从左到右逐个字符比较(按照字符的 ASCII 码值的大小比较)，直
到出现字符不同或者遇到'\0'为止。如果两个字符串全部字符都相同，则认为相等，返回值
为 0；两个字符串从左到右逐个字符比较，如果出现不相同的字符时，前者字符 ASCII 码
值大于后者字符 ASCII 码值，则返回值为 1；前者字符 ASCII 码值小于后者字符 ASCII 码
值，则返回值为-1。即：字符串 1 大于字符串 2 时，返回值为 1；否则返回值为-1。

例如，"A"<"B"，"a">"A"，"this">"that"。

例 5.5　strcmp()函数使用示例。

【代码】

```
#include <stdio.h>
#include <string.h>
int main()
{
    char s1[]="jack",s2[]="merry",s3[10]= "Jack",s4[10]= "jack";
    printf("%d\n",strcmp(s1,s2));
    if(strcmp(s1,s2)!=0)
    {
        printf("%s\n",s1);
```

```
    }
    printf("%d\n",strcmp(s1,s3));
    if(strcmp(s1,s3)!=0)
    {
        printf("%s\n",s1);
    }
    printf("%d\n",strcmp(s1,s4));
    if(strcmp(s1,s4)==0)
    {
        printf("%s\n",s1);
    }
    return 0;
}
```

【运行结果】

```
-1
jack
1
jack
0
jack
```

说明：　对两个字符串进行比较，要调用 strcmp()函数。例如：

```
if(strcmp(s1,s2)!=0)
{
    printf("%s\n",s1);
}
```

而不能用关系运算符直接连接两个字符串比较。

例如，以下语句的 if 条件并不能比较两个字符串的内容是否相同：

```
if(s1==s2)
{
    printf("%s\n");
}
```

5. strlwr(字符串)

strlwr()函数的作用是将字符串中大写字母转换成小写字母。
例如：

```
printf("%s",strlwr("Hello"));
```

输出为：

```
hello
```

6. strupr(字符串)

strupr()函数的作用是将字符串中小写字母转换成大写字母。

例如：

```
char s[]="China";
printf("%s",strupr(s));
```

输出为：

```
CHINA
```

为了解决实际问题方便起见，C 语言还提供了很多处理字符串的函数，大家可以参阅相关库函数手册。

5.4.4　二维字符串数组

一个一维数组可以存放一个字符串，如果有多个字符串要存储呢？如一个班的学生的姓名。因此需要用到二维字符串。如 name[30][20]可以表示 30 名学生的姓名(假设每名学生的姓名不超过 19 个字符)。本小节介绍二维字符串数组的常用操作。

1．二维字符串数组的初始化

二维字符串数组的初始化，可以采用二维字符数组的初始化形式或是字符串初始化形式。例如：

```
char name[3][10]={{ 'l', 'i', 'l', 'y', '\0'},{ 't ', 'o', 'm', '\0
'},{ 'j', 'a', 'c', 'k', '\0'}};                    /*方法一*/
char name[3][10]={{ "lily"},{"tom"},{"jack"}};        /*方法二*/
char name[3][10]={ "lily","tom","jack"};              /*方法三*/
```

3 种方法效果一样。

2．二维字符串数组的赋值和引用

由于二维数组可以看作是一种特殊的一维数组，它的数组元素是一个一维数组。所以二维字符串数组可以看作数组元素是字符串的一维数组。

例如：

```
char name[3][10]={ "lily","tom","jack"};
```

则二维数组 name[3][10]由 name[0]、name[1]、name[2]组成，name[0]代表字符串"lily"，name[1]代表字符串"tom"，name[2]代表字符串"jack"。

例 5.6　从键盘输入 3 名学生的姓名并输出。

【代码】

```
#include <stdio.h>
int main()
{
    char name[3][20];
    int i;
    printf("input:\n");
    for(i=0;i<3;i++)
```

```
    {
        gets(name[i]);              /*name[i]表示二维数组中一维数组的数组名*/
    }
    printf("output:\n");
    for(i=0;i<3;i++)
    {
        printf("%s\n",name[i]);
    }
    return 0;
}
```

【运行结果】

```
input:
Li Ming✓
Wang Nan✓
Tom✓
output:
Li Ming
Wang Nan
Tom
```

说明： 学生姓名中包括空格，要用函数 gets()完成输入。

习　题　5

一、单项选择题

1. 对一个一维整型数组 a 的定义，以下语句正确的是(　　)。

　　A．int a(10);　　　　　　　　　B．int n=10,a[n];

　　C．int n; scanf("%d",&n); int a[n];　D．int a[5+3];

2. 以下能对一维数组 a 进行正确初始化的语句是(　　)。

　　A．int a[5]=(0,0,0,0,0);　　　　B．int a[10]={　};

　　C．int a[10]={0};　　　　　　　D．int a[ ]={　};

3. 以下不是给数组第一个元素赋值的语句是(　　)。

　　A．int a[2]={1};　　　　　　　B．int a[2];scanf ("%d",a);

　　C．int a[2];a[1]=1;　　　　　　D．int a[2];scanf ("%d",&a[0]);

4. 下列关于数组的说法，正确的是(　　)。

　　A．在 C 语言中，可以使用动态内存分配技术定义元素个数可变的数组

　　B．在 C 语言中，一个数组的元素个数可以不确定，允许随机变动

　　C．在 C 语言中，同一数组的数组元素的数据类型可以不一致

　　D．在 C 语言中，定义了一个数组后就确定了它所容纳的具有相同数据类型的元素个数

5. 假设 array 是一个有 10 个元素的整型数组，则下列语句正确的是(　　)。

    A. array[0]=10;   B. array=0;

    C. array[10]=0;   D. array[0]=5.3;

6. 下列语句, 正确的是(　　)。

    A. int a[]={1,2,3,4,5};   B. int b[2][3]={{1},{0},{0}};

    C. int a(10);   D. int 4e[4];

7. 若有语句 int a[3][4]={0};, 则下面正确的叙述是(　　)。

    A. 只有元素 a[0][0]可以得到初值 0

    B. 定义了一个两行三列的二维数组 a

    C. 假设该数组的首地址是 1000, 则 a[0](即 a[0][0]的地址)为 1000

    D. 该数组在内存中分配到 4 字节

8. 在 C 语言中定义数组时, 数组长度必须是一个固定值, 允许是(　　)。

    A. 整型常量或整型变量   B. 整型变量或整型变量表达式

    C. 整型常量或整型常量表达式   D. 基本数据类型的常量

9. 若有定义: int a[][4]={{1},{2}};, 则下列叙述不正确的是(　　)。

    A. 数组 a 的第一维的大小为 2   B. 二维数组 a 的第一维的大小不确定

    C. 二维数组 a 的第一维可以省略   D. 元素 a[0][0]和 a[1][0]得到初值 1 与 2

10. 以下不能对二维数组 a 进行正确初始化的语句是(　　)。

    A. int a[2][3]={{0},{0}};   B. int a[2][ ]={{1,2},{0}};

    C. int a[2][3]={1,3,5,7,9,11};   D. int a[ ][3]={1,2,3,4,5,6};

11. 以下程序的执行结果是(　　)。

```
#include <stdio.h>
int main()
{
    int a[]={1,2,3,4,5,6};
    printf("%d,%d\n",a[1],a[5]);
    return 0;
}
```

    A. 1,6   B. 2,6   C. 1,5   D. 编译出错

12. 若有以下定义: int a[3][3]={1,2,3,4,5,6,7,8,9},i;, 则语句

```
for(i=0;i<=2;i++)
{
    printf("%2d",a[i][2-i]);
}
```

的输出结果是(　　)。

    A. 3 5 7   B. 3 6 9   C. 1 5 9   D. 1 4 7

13. 设已定义了 char str[10], 下列赋值语句正确的是(　　)。

    A. str="book";   B. str[0]= "book";

    C. str='b';   D. str[0]='b';

14. 有以下程序:

```
#include <stdio.h>
#include <string.h>
int main()
{
    char s1[15]="12",s2[]="34";
    strcat(s1,s2);
    printf("%s",s1);
    return 0;
}
```

执行后输出结果是(   )。

A. 12 34   B. 12   C. 1234   D. 46

15. 以下语句, 不正确的是(   )。

A. char s[4]={'g','o','o','d'};   B. char str[4]="good";

C. char s[5]; scanf("%s",s);   D. char str[6]; scanf("%c",&str[0]);

16. 有以下程序:

```
#include <stdio.h>
#include <string.h>
int main()
{
    char s1[10]="123",s2[]="hello";
    strcpy(s1,s2);
    printf("%s  %s",s1,s2);
    return 0;
}
```

执行后输出结果是(   )。

A. 123 123   B. hello hello   C. hello 123   D. hello

17. 有以下程序:

```
#include <stdio.h>
#include <string.h>
int main()
{
    char str[10]={"123"};
    printf("%d",strlen(str));
    return 0;
}
```

执行后输出结果是(   )。

A. 10   B. 123   C. 4   D. 3

18. 有以下程序:

```
#include <stdio.h>
#include <string.h>
int main()
```

```
{
    char s1[]="orange",s2[]="apple",s[10];
    if(strcmp(s1,s2)>0)
    {
        strcpy(s,s1);
        strcpy(s1,s2);
        strcpy(s2,s);
    }
    printf("%s  %s",s1,s2);
    return 0;
}
```

执行后输出结果是(　　)。

A. apple 　　　　　　　　　B. orange　orange

C. orange　apple 　　　　　　D. apple　orange

19. 有以下程序:

```
#include <stdio.h>
int main( )
{
    char s1[]="hello";
    char s2[10]={ "beijing"};
    puts(s1);
    puts(s2);
    return 0;
}
```

执行后输出结果是(　　)。

A. hellobeijing 　　B. hello 　　　　C. hello 　　　　D. 编译错误

　　　　　　　　　　　　　　　　　beijing

20. 以下 C 语言提供的字符串函数中，和其他 3 个函数不是在同一个头文件中定义的函数是(　　)。

A. gets( ) 　　　　B. strlen( ) 　　　C. strcmp( ) 　　　D. strupr( )

二、判断题

1. 数组中的元素可以属于不同的数据类型。　　　　　　　　　　　　　　(　　)

2. 数组中的元素按顺序存放在连续的存储空间中。　　　　　　　　　　　(　　)

3. 若定义了一个一维数组 int a[10]，则 a[10]是该数组最后一个数据元素。　(　　)

4. 若定义 int a[3]={1};，则系统只给 a[0]赋值 1，其他数据元素未被赋值。　(　　)

5. 一个三维数组 a[3][2][4]共有 24 个数组元素。　　　　　　　　　　　(　　)

6. 二维数组可以看作是特殊的一维数组，即该一维数组的每个元素又是一个一维数组。　　　　　　　　　　　　　　　　　　　　　　　　　　　　　　　(　　)

7. 若已知 int a[ ][3]={1,2,3,4,5};，则该二维数组有两行，a[1][2]的值为 5。　(　　)

8. 存放在字符数组中的字符集合一定是字符串。　　　　　　　　　　　　(　　)

9. 存放字符串"book"的字符数组至少需要 5 字节。　　　　　　　　　　　(　　)

10. C 语言中提供了字符串的输入输出函数 gets()和 puts()，其对应的头文件是 string.h。 （　　）

11. 函数 puts( )输出的字符串中可以包含转义字符。 （　　）

12. 比较两个字符串 s1 和 s2 的内容是否相等，可以用语句 s1==s2 的返回值判断。 （　　）

13. 设有以下定义：char s[10]="abc";，则 printf("%d",strlen(s));输出结果为字符数组 s 的长度 10。 （　　）

14. 设有以下定义：char c[2][10]={"12","34"};，则 c[0]表示字符串"12"，c[1][0]表示字符'3'。 （　　）

15. 要存储多个英文单词，可定义一个二维字符串数组实现。 （　　）

三、程序填空题

1. 以下程序的功能是：依次将数字 1、3、5、7、…、17、19 存入一个整型数组，并逆序输出数组。请填空。

```
#include<stdio.h>
int main()
{
    int a[10],i;
    for(i=0;i<10;i++)
    {
        _____;
    }
    for(i=9;i>=0;_____)
    {
        printf("%d ",a[i]);
    }
    return 0;
}
```

2. 下面程序是求矩阵 a、b 的和，结果存入矩阵 c 中并按矩阵形式输出。请填空。

```
#include<stdio.h>
int main( )
{
    int a[3][4]={{ 7, 5, -2, 3 },{ 1, 0, -3, 4 },{ 6, 8, 0, 2 }};
    int b[3][4] = {{ 5, -1, 7, 6 },{ -2, 0, 1, 4 },{ 2, 0, 8, 6 }};
    int i,j,c[3][4];
    for(i=0;i<3;i++)
    {
        for(j=0;j<4;j++)
        {
            _____;
        }
    }
    for(i=0;i<3;i++)
    {
        for(j=0;j<4;j++)
```

```
        {
            printf("%3d",c[i][j]) ;
        }
        _____;
    }
    return 0;
}
```

3. 下面程序是用二维数组 array 存放以下图形符号并输出。请填空。

```
*#####
**####
***###
****##
*****#
```

```
#include<stdio.h>
int main( )
{
    int i,j;
    char array[5][6];
    for(i=0;i<5;i++)
    {
        for(j=0;j<6;j++)
        {
            if(_____)
            {
                array[i][j]='#';
            }
            else
            {
                array[i][j]='*';
            }
            printf("%c",_____);
        }
        printf("\n");
    }
    return 0;
}
```

4. 以下程序实现了数组中元素的逆序存放, 即第一个元素与最后一个元素互换, 第二个元素与倒数第二个元素互换……请填空。

```
#include<stdio.h>
int main( )
{
    int i=0,j=10-1,a[10]={1,2,3,4,5,6,7,8,9,10},t;
    while(_____)
    {
        t=a[i];
        a[i]=a[j];
        a[j]=t;
        _____;
```

```
            j--;
        }
        for(i=0;i<10;i++)
        {
            printf("%4d",a[i]);
        }
        return 0;
    }
```

5. 编写一个函数 int stringlen(char str[])，其返回值为字符串长度(不含'\0')。请填空。

```
#include<stdio.h>
int stringlen(char str[])
{
    int i=0;
    while(_____)
    {
        i++;
    }
    return i;
}
int main( )
{
    char a[]={"hello"};
    _____;
    return 0;
}
```

四、编程题

1. 编写程序，从键盘输入 5 个整数并保存到数组中，求这 5 个整数的最大值、最小值及平均值。

2. 编写程序，用二维数组存放以下矩阵，并输出。

$$
\begin{matrix}
1 & 0 & 0 & 0 & 1 \\
0 & 1 & 0 & 1 & 0 \\
0 & 0 & 1 & 0 & 0 \\
0 & 1 & 0 & 1 & 0 \\
1 & 0 & 0 & 0 & 1
\end{matrix}
$$

3. 编写一个函数 string_search(char str[],char c)，如果字符串中包含字符 c，则返回值 1，否则返回值 0，并验证。

4. 编写一个程序，将两个字符串连接起来，不使用 strcat 函数。

5. 编写程序，实现输入 5 个单词后按字典顺序排列输出。

第6章

函　数

本章主要介绍程序设计的模块化编程思想、函数的定义和调用、嵌套调用和递归调用、数组作为函数参数、变量的存储机制等。

学习目标

本章要求掌握 C 语言函数的概念、定义和调用，了解函数形参和实参的特点，掌握函数的嵌套和递归调用，并能熟练编写具有一定功能的函数，了解变量的生存周期和作用域。

本章要点

- 模块化编程思想
- 函数的定义和调用
- 函数的参数和返回值
- 函数的嵌套和递归调用
- 数组作为函数参数
- 变量的存储属性
- 函数的分类

函数是 C 语言程序的**基本组成单位**。C 程序是由一个或多个完成特定功能的函数组成。C 程序的全部工作都是由各种各样函数完成的。由于采用了模块化函数编程思想，使得程序结构清晰，便于编写、调试、维护和阅读。

6.1 模块化编程思想

模块化是指在解决一个复杂问题时，自顶向下、逐步细化地把软件系统划分成若干个较小子模块的过程。每个子模块都能完成某种特定的功能，所有的模块按某种方式组装起来成为一个整体，就可以完成整个系统所要求的功能。

下面从 C 语言程序的组成结构及其设计方法两个方面，来讨论模块化编程思想的设计和应用。

6.1.1 程序的模块化组成结构

C 语言程序是若干个函数的集合。无论问题是复杂还是简单、规模是大还是小，用 C 语言设计程序，核心任务只有一项，就是编写函数，而且至少编写一个主函数 main。

执行 C 程序，其实就是依次执行主模块 main 函数中的所有语句，所有语句执行完毕，程序也就结束了。其他函数(或其他模块)只有在 main 函数的执行过程中被调用才能得以执行。

main 函数是程序中调用其他函数的开始点，通过在 main 中调用其他函数，将程序中的所有函数有机地联系在一起，以共同完成程序所规定的功能。main 函数就像程序的摘要，使阅读者很容易掌握程序的整体结构。图 6.1 所示的某个程序是由 7 个函数模块组成的整体。各函数模块的名字分别为 main、f1、f2、f11、f12、f21 和 f22。

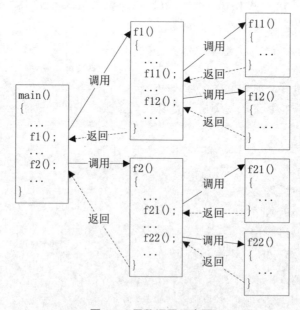

图 6.1 函数调用示意图

🏷 说明：

- 在主函数 main 中有两条函数调用语句 f1();和 f2();，当主函数 main 执行到语句 f1();时，函数 f1 才被调用，当执行到语句 f2();时，函数 f2 才被调用。
- 调用 f1 时，main 可能会向 f1 传递一些信息(或数据)，并将流程转向 f1。函数 f1 执行完后，向 main 返回一些信息，再将流程返回 main。调用 f2 时情形与 f1 相同。
- 当执行 f1 函数时，f1 内部也可以调用其他函数，如图 6.1 中的 f11 和 f12 函数(在 6.3 小节中介绍负责函数间数据传递或信息通信的工具是实参、形参和返回值)。

6.1.2　程序的模块化设计方法

C 语言程序是模块的集合，这里的模块指的就是 C 的函数，所以 C 语言程序设计就是设计集合中各模块(或函数)的过程。

通常 C 语言程序设计的步骤是首先集中考虑主模块 main 函数中的算法。当 main 中需要使用某一功能时，就先写上一个调用具有该功能的函数表达式，标明它具有什么功能及如何与程序通信(即输入什么、输出什么)，如图 6.2 所示。

函数的输入值相当于函数的已知条件，函数的输出值相当于函数的结果值。

设计完主模块 main 的算法并检验无误后，再开始考虑它所调用的其他模块(或其他函数)的设计。在这些被调用的函数中，若在库函数中可以找到实现该功能的函数，就直接使用；否则再动手设计这些函数模块。

这样设计的程序，从逻辑关系上就形成了图 6.3 所示的层次结构。这种层次结构的形成过程是自顶向下的，这种方法称为自顶向下、逐步细化的程序设计方法。这种方法使得人们在程序设计的每个阶段，都能集中精力解决只属于当前模块的算法，细节可以暂不考虑。这种处理方法能保证每个阶段所考虑的问题都是易于解决的，因此设计出来的程序成功率高、层次分明、结构清晰。

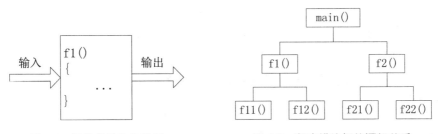

图 6.2　函数的输入和输出　　　　图 6.3　程序模块间的逻辑关系

6.2　函数的定义和调用

先看一个示例，如图 6.4 所示。该图所示的程序整体由两个函数模块组成，其中 main 为**主调函数**模块，max 为**被调函数**模块。主模块 main 函数负责整个程序的流程。max 函数模块的功能是负责求两个整数中较大的数。max 函数所需的已知条件是两个整数，它的

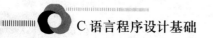

结果值是给出两个整数中较大的数。

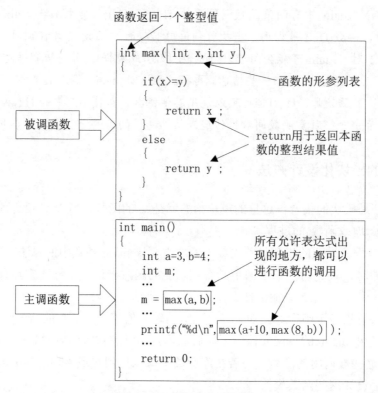

函数返回一个整型值

```
int max( int x, int y )
{
    if(x>=y)
    {
        return x ;
    }
    else
    {
        return y ;
    }
}
```

被调函数

函数的形参列表

return用于返回本函数数的整型结果值

```
int main()
{
    int a=3, b=4;
    int m;
    ...
    m = max(a, b);
    ...
    printf("%d\n", max(a+10, max(8, b)) );
    ...
    return 0;
}
```

主调函数

所有允许表达式出现的地方，都可以进行函数的调用

图 6.4　函数的定义与调用

max 函数定义了一次，但在主调函数 main 中被调用了 3 次。每一次调用时的已知条件不同。其中第一次的已知条件是 a 和 b；第二次的已知条件是 8 和 b；第三次的已知条件是 a+10 和 max(8,b)的返回值，即：

- 第一次，a 的值传递给 x，b 的值传递给 y。
- 第二次，8 的值传递给 x，b 的值传递给 y。
- 第三次，a+10 的值传递给 x，max(8,b)的返回值传递给 y。

从图 6.4 可以反映出，函数的功能只需定义一次，而函数可以被多次调用。函数的定义包括对函数的名字、函数的已知条件和函数的返回值类型的说明，以及对函数实现其功能完整过程的描述。

6.2.1　函数的定义

C 函数的定义就是对函数功能的完整描述：要描述它的已知条件、处理过程及其返回值类型。

函数定义的形式如下：

[函数返回值类型]　函数名(　[形式参数说明列表]　)
{

```
    [声明部分]
    [语句部分]
}
```

📇 说明：

● 定义中出现的[]，表示其中的内容是可选项。

● 函数返回值类型，又称为函数值类型或函数类型，可以是系统提供的数据类型 (int、char、float 和 double 等)，也可以是用户自定义的数据类型(第 9 章讲解)。

● 当函数返回值类型缺省时，系统默认为 int 整型。

● 如果函数没有返回值，用关键字 void 表示空类型。

● 函数名是用户自定义的合法标识符。

● 形式参数说明列表用于接收来自数据源头，即主调函数的实际参数值。

● 函数返回值类型、函数名和形式参数说明列表，被称为函数的签名。

● 描述处理过程的是函数体，由声明部分和语句部分组成。

● 如果函数有返回值类型，则函数体的语句部分必须包含 "return 表达式;" 语句，用于给主调函数返回一个值。

例 6.1　编写一个判断素数的函数，在主函数中输入一个整数，输出其是否是素数的信息。

【算法分析】

假设输入整数为 n。将 n 依次与 2~k(k 可以是 n-1、n/2 或 sqrt(n)(取整))的所有整数做求余运算，如果任何一次求余运算的结果为 0，说明 n 可以被这个数整除，则可以得出结论：n 为非素数。如果所有次取余运算的余数都不为 0，即 n 不能被 2~k 的任何一个数整除，则可以得出结论：n 为素数。

【代码】

```c
#include <stdio.h>
#include <math.h>
int prime(int n)
{
    int k;
    for( k =2; k<=(int)sqrt(n); k++)
    {
        if ( n%k==0 )
        {
            break;
        }
    }
    if ( k>sqrt(n) )
    {
        return 1;
    }
    else
    {
```

```
        return 0;
    }
}
int main()
{
    int n;
    printf("Please input an integer:\n");
    scanf("%d",&n);
    if( prime(n)==1 )
    {
        printf("%d is a prime.\n", n );
    }
    else
    {
        printf("%d isn't a prime.\n",n );
    }
    return 0;
}
```

【运行结果】

```
Please input an integer:
23✓
23 is a prime.
```

📋 说明：

● 使用头文件 math.h 中的库函数 sqrt 进行开平方运算，并把开平方的值强制转换为整数值。

● 自定义函数 prime 的返回值类型为 int 类型。如果是素数，则返回整数 1；否则返回整数 0。

● 自定义函数 prime 的 for 语句有两种结束循环的可能：一是当条件 k<=(int)sqrt(n) 的值为假时，即 k>(int)sqrt(n)，此时意味着所有的求余运算都已经进行完毕，而且任何一次求余运算的结果都不为 0，此时可以得出结论：n 为素数；二是当循环体内执行到 break;语句时，意味着 n 被某一个 k 整除了，此时可以得出结论：n 为非素数。

● return 语句起到返回函数值，并结束被调函数执行的作用。

例 6.2 编写一个函数，接收用户输入的 5 个实数，并计算这 5 个数的平均值，最后将计算结果返回。在 main 函数中调用该函数，并输出结果，要求输出的平均值精确到小数点后两位。

【方法一】代码如下：

```
#include <stdio.h>
float average();                                    //①
int main()
{
    float x;
```

```
    x = average();                           //②
    printf("平均值为: %5.2f\n", x);
    return 0;
}
float average()
{
    float  x1, x2, x3, x4, x5;
    printf("请输入五个数: \n");
    scanf("%f%f%f%f%f",&x1,&x2,&x3,&x4,&x5);    //③
    return ((x1+x2+x3+x4+x5)/5);
}
```

【运行结果】

```
请输入五个数:
2 4 3 6 7↙
平均值为:4.40
```

说明:

- 代码②调用 average 函数。
- 当被调用函数的定义出现在主调函数之后时,需要在调用之前出现函数的声明语句,见代码①。
- 需要 average 函数处理的 5 个实数是在该函数内部输入的,见代码③。

【方法二】代码如下:

```
#include <stdio.h>
float average()
{
    float  x1, x2, x3, x4, x5;
    printf("请输入五个数: \n");
    scanf("%f%f%f%f%f",&x1,&x2,&x3,&x4,&x5);
    return ((x1+x2+x3+x4+x5)/5);
}
int main()
{
    float x;
    x = average();                           //①
    printf("平均值为: %5.2f\n", x);
    return 0;
}
```

【运行结果】

```
请输入五个数:
2 4 3 6 7↙
平均值为:4.40
```

- 使用代码①调用 average 函数。
- 当被调用函数定义在主调函数之前时,在调用之前不必出现函数的声明语句。

【方法三】代码如下:

```
#include <stdio.h>
float average(float x1,float x2, float x3, float x4, float x5)
{
    return ((x1+x2+x3+x4+x5 )/5) ;
}
int main()
{
    float  a, a1, a2, a3, a4, a5;
    printf("请输入五个数: \n");
    scanf("%f%f%f%f%f",&a1,&a2,&a3,&a4,&a5);          //①
    a = average(a1,a2,a3,a4,a5);                      //②
    printf("平均值为: %5.2f\n",a);
    return 0;
}
```

【运行结果】

```
请输入五个数:
2 4 3 6 7↙
平均值为:4.40
```

说明:

- 需要 average 函数处理的 5 个实数是在 main 函数通过代码①读入的。
- 在代码②调用 average 函数,并传递了 5 个实参,使用变量 a 接收函数的返回值。

6.2.2 函数的调用

函数定义之后,在没有被调用之前只是一段静态代码,只有它被调用了,这段代码才被激活。即只有被调用之后,才能发挥它的功能。

函数定义的最终目的是为了被使用,函数的使用也称为**函数的调用**。函数的调用可以出现在允许表达式出现的任何地方。

函数调用时需要清楚以下 3 件事情。

- 要调用函数的名字是什么?
- 要传给函数的已知条件是什么?
- 函数执行结束后返回值的类型是什么?

考虑上面提到的 3 个因素,函数的调用形式如下:

[变量] = 函数名([实际参数列表]);

说明:

- 当发生函数调用时，实际参数(简称实参)称为数据源头，而数据的目的地是对应的形式参数(简称形参)。
- 实际参数列表由若干个用逗号间隔的实参组成，各实参用于向形参提供已知条件，实参可以是常量、变量或表达式等。
- 对形式参数列表为空的函数进行调用时，没有实际参数列表。
- 为了成功地实现数据的传递，实际参数和形式参数的个数必须一致、类型必须相同、顺序保持一致。
- 实参和形参是分属于两个不同函数的局部变量，可以同名，也可以异名。

例 6.3　编写一个程序，用于生成如运行结果所示的输出结果，要求根据用户输入的整数，输出由数字组成的图案。

【代码】

```c
#include <stdio.h>
void print_row(int i)
{
    int j;
    for( j=1 ;j<=i ;j++ )
    {
        printf("%d",i);
    }
    printf("\n");
}
int main()
{
    int i,n;
    printf("Please input an integer:");
    scanf("%d",&n);
    for ( i=n ;i>=1 ; i--)
    {
        print_row(i) ;                              //①
    }
    for ( i=1 ;i<=n ; i++)
    {
        print_row(i) ;                              //②
    }
    return 0;
}
```

【运行结果】

```
Please input an integer: 5↙
55555
4444
333
22
```

```
1
1
22
333
4444
55555
```

📑 **说明：**

- 函数 print_row 的作用是在一行连续输出 i 个数字 i，如 5 个数字 5 为 55555。
- 代码①和②分别两次调用 print_row 函数。

6.2.3　函数的声明

在 C 程序中，函数可以定义在任意位置，既可放在主调函数之前，也可放在主调函数之后。但若出现在主调函数之后，由于必须遵循 C 语言的规定："标识符"必须先声明、后使用，所以必须先对函数进行原型说明，即函数的声明。

💡 **注意：**　这里"函数的定义"和"函数的声明"是两个不同的概念。函数定义是对函数功能的完整描述；而函数声明类似于在使用变量之前要先进行变量的说明一样。

函数声明的目的是为了通知编译系统，要调用哪个函数，该函数的已知条件、结果值类型是什么，以便编译系统检查函数调用与函数声明是否一致，即实参列表和形参列表是否匹配。

函数声明的一般形式为：

类型说明符　被调函数名（ 类型　形参，类型　形参，… ）；

或：

类型说明符　被调函数名（ 类型，类型，… ）；

💡 **注意：**

- 函数声明就是函数签名，函数签名是一条程序语句，必须以分号";"结束。
- 函数签名由函数返回类型、函数名和形式参数列表构成。
- 函数签名的形式参数列表包含所有参数的数据类型和参数名称，参数之间用逗号","分开。
- 函数签名的形式参数列表也可以不必包含参数的名字，而只包含参数的类型。
- 函数声明和函数定义时的返回值类型、函数名和形式参数列表必须完全一致，如果它们不一致，编译系统会提示函数调用不匹配的错误。
- 当被调函数的函数定义出现在主调函数之后时，如果在函数外预先作了函数声明，则在以后的各主调函数中可不必再对被调函数作声明，如下面代码①函数 str 的声明。

```
char str(int a,char c);              //被调函数的声明，代码①
int main()                           //主调函数
{
    loat f(float b);                 //被调函数的声明，代码②
...
    printf(…,str(3,'d'),f(3.5) );    //函数的调用
    ...
}
void fun()
{
    char ch=str(20,'e');
    float result=f(8.8);             //错误，代码③
}
char str(int a,char c)               //被调函数的定义
{
    ...
}
float f(float b)                     //被调函数的定义
{
    ...
}
```

- 代码②函数 f 的声明是在主函数内部进行的，只在主函数内部有效，因此在 fun 函数中通过代码③调用函数 f 是无效的。
- 函数声明的重要作用是可以使编译器检查函数调用表达式中可能存在的问题。例如，对于上面所示的程序，如果函数调用表达式 str(3,65.5)中指定的第二个实参 65.5 和函数声明中指定的类型 char 不一致，这时编译器就会给出警告信息，同时自动将第二个实参 65.5 转换成 int 类型值，然后传给函数 str 的第二个形参 c。
- 函数声明也可以不包含参数的名字，而只包含参数的类型。下面的两种函数声明都是合法的。

```
char str(int a,char c);
```

等价于:

```
char str(int,char);
```

6.3　函数的参数和返回值

6.3.1　函数的参数

前面已经提到过，函数的参数分为形式参数和实际参数(简称形参和实参)两种，在本小节中进一步介绍形参和实参的作用，以及两者的对应关系，如表 6.1 所示。

表 6.1　形参与实参的特性对照表

形 参	实 参
出现在被调函数的首部	出现在主调函数中任何允许表达式出现的地方
是数据的接收者	是数据的提供者
只能是变量	可以是常量、变量或表达式等
在函数被调用之前，它只是一个形式，并不为其分配存储单元，故名"形参"	在函数调用之前系统已经为其分配存储单元，而且该存储单元内有实实在在确定的值，故名"实参"

💡 注意：

● 实参和形参在数量上、类型上和顺序上应严格一致；否则会发生"类型不匹配"错误。

● 函数调用中发生的数据传送是单向的，即只能把实参的值或地址传送给形参(见图 6.5)，而不能把形参反向地传送给实参，因此在函数调用过程中，形参值的改变不会导致实参值的变化。

● 形参变量只有在被调用时才分配内存单元，在调用结束时，形参立刻释放所占有的内存单元，因此形参只在函数内部有效。函数调用结束返回主调函数后则不能再使用该形参变量。

图 6.5　函数调用时数据的传递方向示意图

例 6.4　编写一个函数计算字符串的长度。

【代码】

```c
#include <stdio.h>
#include <string.h>
int str_length(char s[])
{
    int i=0,length=0;
    while (s[i]!= '\0')                                    //①
    {
        length=length+1;
        i=i+1;
    }
    return length;
}
int main()
{
    char str[20];
    printf("Please input a string:\n");
    scanf("%s",str);
```

```
    printf("%d\n", str_length(str));                    //②
    printf("%d\n", str_length("James"));                //③
    printf("%d\n", str_length(strcat(str," is happy."))); //④
    return 0;
}
```

【运行结果】

```
Please input a string:
Lay
3
5
13
```

📎 说明：

- 求字符串长度函数的名字为 str_length，用户自定义标识符中可以出现下画线。
- 函数 str_length 的形参是存放在一个字符型数组中的字符串。
- 函数首部的形参 s 可以是一个不规定长度的数组，因为形参数组名 s 只是为了接收来自实参数组名中存放的数组首地址。
- 代码①表示存放于字符数组 s 中的字符串以转义字符'\0'作为结束标志。
- 代码②、③、④对函数 str_length 进行了 3 次调用，第 1 次调用时的实参是变量，第 2 次调用时的实参是常量，第 3 次调用时的实参是库函数 strcat 的返回值。

6.3.2　函数的返回值

函数的返回值(或称函数值)是指函数被调用之后，执行函数体中的程序段所取得的并返回给主调函数的值。函数值只能通过 return 语句返回主调函数。

return 语句的一般形式为：

```
return(表达式);
```

- 该语句的功能是计算并返回表达式的值给主调函数。
- 该表达式的类型必须和函数首部中定义的函数值的类型保持一致。如果两者不一致，则以函数类型为准，自动进行类型转换。
- return 语句后面的括号是任选的，如 return (3);等价于 return 3;。
- return 语句是返回语句，它可以结束函数体的执行。
- 无返回值的函数也可以使用 return 语句，但不能返回值，如可以写成 return;。

📎 说明：

- main()是特殊的函数，它由操作系统调用，返回到操作系统。
- 如果函数头为 int main()或 main()，则函数体的最后必须给出 return 0;之类的语句。

● 函数头 void main()表示不返回任何值给操作系统，所以在 main()函数体的最后无须 return 0;之类的语句。

6.4 函数的嵌套和递归调用

6.4.1 嵌套调用

C 语言不允许出现函数的嵌套定义(即一个函数定义的内部不允许出现另一个函数的定义)，因此各函数之间是平行的，不存在上一级函数和下一级函数的问题。但是 C 语言允许在一个函数的定义中出现对另一个函数的调用。这样就出现了函数的嵌套调用，即在被调函数中又调用其他函数，如图 6.6 所示。

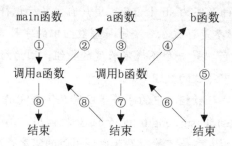

图 6.6 函数的嵌套调用

图 6.6 表示了两层函数嵌套调用的情形。其执行过程是：执行 main 函数中调用 a 函数的语句时，立即中断 main 函数的执行，转去执行 a 函数；在 a 函数中调用 b 函数时，立即中断 a 函数的执行，又立即转去执行 b 函数；b 函数执行完毕返回 a 函数的中断点继续执行；a 函数执行完毕返回 main 函数的中断点继续执行。

例 6.5 计算 $s = 1^2! + 2^2! + 3^2! + 4^2!$。

【算法分析】

本题可编写两个函数：一个是用来计算平方值的函数 f1；另一个是用来计算阶乘值的函数 f2。主函数先调用 f1 计算出平方值，再在 f1 中以平方值为实参，调用 f2 计算其阶乘值，然后返回 f1，再返回主函数，在循环程序中计算累加和。

【代码】

```
#include <stdio.h>
long f1(int x)
{
    long f2(int);
    int k;
    long r;
    k=x*x;
    r=f2(k);
    return r;
```

```
}
long f2(int x)
{
    long m=1;
    int i;
    for(i=1;i<=x;i++)
    {
        m=m*i;
    }
    return m;
}
int main()
{
    int i;
    long s=0;
    for (i=1;i<=4;i++)
    {
        s=s+f1(i);
    }
    printf("s=%ld\n",s);
    return 0;
}
```

【运行结果】

```
s=2004552089
```

说明：

● 在程序中，函数 f1 和 f2 均为长整型函数，都在主函数之前定义，故不必再在主函数中对 f1 和 f2 加以声明。

● 在主函数中，执行 for 循环依次把 i 值作为实参调用函数 f1 求 i^2 值。在 f1 中又发生对函数 f2 的调用，这时是把 i^2 的值作为实参去调用 f2，在 f2 中完成求 $i^2!$ 的计算。

● f2 执行完毕把 m 值(即 $i^2!$)返回给 f1，再由 f1 返回主函数实现累加。至此，由函数的嵌套调用实现了题目的要求。

● 由于数值很大，所以函数和一些变量的类型都说明为长整型；否则会造成计算错误。

6.4.2　递归调用

一个函数在它的函数体内调用它自身称为**递归调用**，这种函数称为递归函数。C 语言允许函数的递归调用，递归调用是一种特殊的嵌套调用。在递归调用中，主调函数也是被调函数。执行递归函数将反复调用其自身，每调用一次就进入新的一层。

例如，有函数 f 如下：

```
int f(int x)
{
```

```
    int y;
    z=f(y);            //函数自己调用自己
    return z;
}
```

这个函数是一个递归函数，但是运行该函数将无休止地调用其自身，这当然是不正确的。为了防止递归调用无终止地进行，必须在函数内有终止递归调用的手段。常用的办法是加条件判断，满足某种条件后就不再做递归调用，然后逐层返回。下面举例说明递归调用的执行过程。

例 6.6 用递归法计算 n!。

【算法分析】

用递归法计算 n!可用下述公式表示，即

$$n! = \begin{cases} 1 & (n = 0,1) \\ n \times (n-1)! & (n > 1) \end{cases}$$

【代码】

```
#include <stdio.h>
long f(int n)
{
    long s;
    if(n<0)
    {
        printf("n<0,input error");
    }
    else
    {
        if(n==0||n==1)
        {
            s=1;
        }
        else
        {
            s=f(n-1)*n;
        }
    }
    return s ;
}
int main()
{
    int n;
    long y;
    printf("input a integer number:\n");
    scanf("%d",&n);
    y=f(n);                                    //代码①
    printf("%d!=%ld\n",n,y);
    return 0;
}
```

【运行结果】

```
input a integer number:
5✓
5!=120
```

📖 说明：

● 程序中给出的函数 f 是一个递归函数。主函数调用 f 后即进入函数 f 执行，如果 n<0、n=0 或 n=1 时都将结束函数 f 的执行，否则就递归调用 f 函数自身。由于每次递归调用函数 f 的实参为 n-1，即把 n-1 的值赋予形参 n，最后当 n-1 的值为 1 时做最后一次递归调用，形参 n 的值为 1，此时将使递归终止，然后再逐层退回。

● 假设执行本程序时输入为 5，即求 5!。在主函数中的调用语句(代码①)即为 y=f(5)，进入 f 函数后，由于 n=5，不等于 0 或 1，故应执行 s=f(n-1)*n，即 s=f(5-1)*5，该语句对函数 f 作递归调用，即 f(4)。

● 进行 4 次递归调用后，f 函数形参取得的值变为 1，故不再继续递归调用而开始逐层返回主调函数。f(1)的函数返回值为 1，f(2)的返回值为 1*2=2，f(3)的返回值为 2*3=6，f(4)的返回值为 6*4=24，最后 f(5)的返回值为 24*5=120，即：

```
f(5)=f(4)*5
=( f(3)*4 )*5
=( ( f(2)*3 )*4 )*5
=( ( ( f(1)*2 )*3 )*4 )*5
=( ( ( 1*2 )*3 )*4 )*5
=( ( 2*3 )*4 )*5
=( 6*4 )*5
=24*5
=120
```

● 例 6.6 也可以不用递归的方法来完成。例如，可以用递推法，即从 1 开始乘以 2，再乘以 3，……，直到 n。递推法比递归法更容易理解和实现。但是有些问题则只能用递归算法才能实现。

例 6.7　使用非递归法和递归法，定义函数分别计算 1～n 所有整数之和。

【代码】

```
#include <stdio.h>
int sum1(int);
int sum2(int);
int main()
{
    int num;
    printf("please input a integer:\n");
    scanf("%d",&num);
    printf("1+…+%d=%d\n",num,sum1(num));
    printf("1+…+%d=%d\n",num,sum2(num));
```

```
    return 0;
}
int sum1(int n)
{
    int i;
    int sum=0;
    for(i=1;i<=n;i++)
    {
        sum+=i;
    }
    return sum;
}
int sum2(int n)
{
    if(n==1)
    {
        return 1;
    }
    else
    {
        return n+sum2(n-1);
    }
}
```

【运行结果】

```
please input a integer:
100✓
1+…+100=5050
1+…+100=5050
```

📖 说明：

● 非递归函数 sum1，使用递推法计算 1～n 整数之和。

● 递归函数 sum2，通过自己调用自己计算 1～n 整数之和。

● 递归的本质就是不断地缩减问题规模，直到一个已知条件。例如，计算 1～n 整数之和，可以看成是计算 n 加上 1～n-1 整数之和，依此类推，到 n=1 时问题规模缩减结束。

例 6.8 Hanoi 塔问题。

一块板上有 3 根针 A、B 和 C。A 针上套有 n 个大小不等的圆盘，大的在下，小的在上。要把这 n 个圆盘从 A 针移到 C 针上，每次只能移动一个圆盘，移动可以借助 B 针进行。任何时候、任何针上的圆盘都必须保持大盘在下、小盘在上。求移动的步骤。

【算法分析】

设 A 上有 n 个盘子。

如果 n=1，则将圆盘从 A 直接移动到 C。

如果 n=2，则：

(1) 将 A 上的 n-1(等于 1)个圆盘移到 B 上。

(2) 再将 A 上的一个圆盘移到 C 上。

(3) 最后将 B 上的 n−1(等于 1)个圆盘移到 C 上。

如果 n=3，则：

(1) 将 A 上的 n−1(等于 2，令其为 n)个圆盘移到 B(借助于 C)，步骤如下。

① 将 A 上的 n−1(等于 1)个圆盘移到 C 上。

② 将 A 上的一个圆盘移到 B。

③ 将 C 上的 n−1(等于 1)个圆盘移到 B。

(2) 将 A 上的一个圆盘移到 C。

(3) 将 B 上的 n−1(等于 2，令其为 n)个圆盘移到 C(借助 A)，步骤如下。

① 将 B 上的 n−1(等于 1)个圆盘移到 A。

② 将 B 上的一个盘子移到 C。

③ 将 A 上的 n−1(等于 1)个圆盘移到 C。

到此，完成了 3 个圆盘的移动过程。

从上面分析可以看出，当 n≥2 时，移动的过程可分解为以下 3 个步骤。

第一步，把 A 上的 n−1 个圆盘移到 B 上。

第二步，把 A 上的一个圆盘移到 C 上。

第三步，把 B 上的 n−1 个圆盘移到 C 上；其中第一步和第三步是类同的。

当 n=3 时，第一步和第三步又分解为类同的三步，即把 n−1 个圆盘从一个针移到另一个针上，这里的 n=n−1。显然，这是一个递归过程，据此算法可编程如下。

【代码】

```c
#include <stdio.h>
void move(int n,int x,int y,int z)
{
    if(n==1)
    {
        printf("%c-->%c\n",x,z);
    }
    else
    {
        move(n-1,x,z,y);
        printf("%c-->%c\n",x,z);
        move(n-1,y,x,z);
    }
}
int main()
{
    int n;
    printf("\ninput number:\n");
    scanf("%d",&n);
    printf("the step to moving %d diskes:\n",n);
    move(n,'a','b','c');
    return 0;
}
```

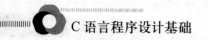

【运行结果】

```
input number:
4↙
the step to moving 4 diskes:
a-->b
a-->c
b-->c
a-->b
c-->a
c-->b
a-->b
a-->c
b-->c
b-->a
c-->a
b-->c
a-->b
a-->c
b-->c
```

📖 说明：

- 从程序中可以看出，move 函数是一个递归函数，它有 4 个形参 n、x、y、z。n 表示圆盘数，x、y、z 分别表示 3 根针。

- move 函数的功能是把 x 上的 n 个圆盘移动到 z 上。当 n=1 时，直接把 x 上的圆盘移至 z 上，输出 x→z。如果 n!=1 则分为三步：递归调用 move 函数，把 n-1 个圆盘从 x 移到 y；输出 x→z；递归调用 move 函数，把 n-1 个圆盘从 y 移到 z。

- 递归调用过程中 n=n-1，故 n 的值逐次递减，最后 n=1 时，终止递归，逐层返回。

6.5 数组作为函数参数

数组可以作为函数的参数使用，进行数据传送。数组用作函数参数有两种形式：一种是把数组元素(下标变量)作为实参使用；另一种是把数组名作为函数形参和实参使用。

6.5.1 数组元素作函数参数

数组元素就是下标变量，它与普通变量并无区别。因此，它作为函数实参使用与普通变量是完全相同的，在发生函数调用时，把作为实参的数组元素的值传送给形参，实现单向的值传送。

例 6.9 判断一个整型数组中各元素的值，若大于 0 则输出该值，若小于等于 0 则输出值 0。

【代码】

```
#include <stdio.h>
void judge(int value)
{
    if(value>0)
    {
        printf("%d\n",value);
    }
    else
    {
        printf("%d\n",0);
    }
}
int main()
{
    int a[5],i;
    printf("input 5 numbers:\n");
    for(i=0;i<5;i++)
    {
        scanf("%d",&a[i]);
        judge(a[i]);
    }
    return 0;
}
```

【运行结果】

```
input 5 numbers:
2✓
2
-4✓
0
7✓
7
-10✓
0
6✓
6
```

说明：

● 首先定义一个无返回值函数 judge，并说明其形参 value 为整型变量。在函数体中根据 value 值输出相应的结果。

● 在 main 函数中用 for 语句输入数组各元素，每输入一个就以 a[i]元素作实参调用一次 judge 函数，即把 a[i]的值传送给形参 value 供 judge 函数使用。

6.5.2 数组名作函数参数

用数组名作函数参数和用数组元素作实参有以下几点不同。

(1) 实参和形参是否必须是数组。

① 用数组元素作实参时，只要数组类型和函数的形参变量的类型一致，那么作为下标变量的数组元素的类型也和函数形参变量的类型是一致的。因此，并不要求函数的形参也是下标变量。换句话说，对数组元素的处理是按照普通变量对待的。

② 用数组名作函数参数时，则要求形参和相对应的实参都必须是相同类型的数组，都必须有明确的数组说明。当形参和实参二者不一致时，即会发生错误。

(2) 实参和形参存储单元是否相同。

① 用普通变量或下标变量作函数参数时，形参变量和实参变量是由编译系统分配的两个不同的内存单元。在函数调用时发生的值传送是把实参变量的值赋予形参变量。

② 用数组名作函数参数时，不是把实参数组的每一个元素的值都赋予形参数组的各个元素。因为实际上形参数组并不存在，编译系统不为形参数组分配内存。那么，数据的传送是如何实现的呢？前面曾介绍过，数组名就是数组的首地址。因此在用数组名作函数参数时所进行的只是地址的传送，也就是说，把实参数组的首地址赋予形参数组名。形参数组名取得该首地址之后，也就等于拥有了实在的数组。实际上是形参数组和实参数组为同一数组，共同拥有一段内存空间。

图 6.7 说明了这种情形。图中设 a 为实参数组，类型为整型。a 占有以 2000 为首地址的一块内存区。b 为形参数组名。当发生函数调用时，进行地址传送，把实参数组 a 的首地址传送给形参数组 b，于是 b 也取得该地址 2000。于是 a 和 b 两数组共同占有以 2000 为首地址的一段连续内存单元。从图中还可以看出，a 和 b 下标相同的元素实际上也占用相同的一个内存单元(整型数组每个元素占 4 字节)。例如，a[0]和 b[0]都占用 2000 单元，当然 a[0]等于 b[0]，类推则有 a[i]等于 b[i]。

起始地址	a[0]	a[1]	a[2]	a[3]	a[4]	a[5]	a[6]	a[7]	a[8]	a[9]
2000	2	4	6	8	10	12	14	16	18	20
	b[0]	b[1]	b[2]	b[3]	b[4]	b[5]	b[6]	b[7]	b[8]	b[9]

图 6.7 形参数组与实参数组占用同一段内存空间

例 6.10 数组 a 中存放一名学生 5 门课程的成绩，求平均成绩。

【代码】

```
#include <stdio.h>
float average(float a[5])
{
    int i;
    float ave, sum=a[0];
    for(i=1;i<=4;i++)
    {
        sum=sum+a[i];
    }
    ave=sum/5;
    return ave;
```

```
}
int main()
{
    float score[5],ave;
    int i;
    printf("input 5 scores:\n");
    for(i=0; i<=4; i++)
    {
        scanf("%f",&score[i]);
    }
    ave=average(score);
    printf("average score is %5.2f\n",ave);
    return 0;
}
```

【运行结果】

```
input 5 scores:
98 78 89 90 85✓
average score is 88.00
```

📖 说明：

● 本程序首先定义了一个单精度浮点型函数 average，有一个形参为单精度浮点型数组 a，长度为 5。

● 在函数 average 中，把各元素值相加求出平均值，返回给主函数。

● 主函数 main 中首先完成数组 score 的输入，然后以 score 作为实参调用 average 函数，函数返回值赋给变量 ave，最后输出 ave 值。

前面已经讨论过，用简单变量作函数参数时，所进行的值传送是单向的。即只能从实参传向形参，不能从形参传回实参。形参的初值和实参相同，而形参的值发生改变后，实参并不变化，两者的终值是不同的。而当用数组名作函数参数时，情况则不同。由于实际上形参和实参为同一数组，因此当形参数组发生变化时，实参数组也随之变化。当然这种情况不能理解为发生了"双向"的值传递。但从实际情况来看，调用函数之后实参数组的值将由于形参数组值的变化而变化。为了说明这种情况，把例 6.9 改为例 6.11 的形式。

例 6.11　题目同例 6.9。改用数组名作函数参数。

【代码】

```
#include <stdio.h>
void judge(int a[5])
{
    int i;
    printf("values of array a are:\n");
    for(i=0;i<=4;i++)
    {
        if(a[i]<0)
        {
            a[i]=0;
```

```
        }
        printf("%d ",a[i]);
    }
    printf("\n");
}
int main()
{
    int b[5],i;
    printf("input 5 numbers:\n");
    for(i=0;i<=4;i++)
    {
        scanf("%d",&b[i]);
    }
    printf("initial values of array b are:\n");
    for(i=0;i<=4;i++)
    {
        printf("%d ",b[i]);
    }
    printf("\n");
    judge(b);
    printf("last values of array b are:\n");
    for(i=0;i<=4;i++)
    {
        printf("%d ",b[i]);
    }
    printf("\n");
    return 0;
}
```

【运行结果】

```
input 5 numbers:
1 -3 6 -10 5✓
initial values of array b are:
1 -3 6 -10 5
values of array a are:
1 0 6 0 5
last values of array b are:
1 0 6 0 5
```

📖 说明：

- 本程序中函数 judge 的形参为整型数组 a，长度为 5。
- 主函数中实参组 b 也为整型，长度也为 5。在主函数中首先输入数组 b 的值，然后输出数组 b 的初始值，接着以数组 b 为实参调用 judge 函数。
- 在 judge 中按要求把负值单元清 0，并输出形参数组 a 的值。返回主函数之后，再次输出数组 b 的值。
- 从运行结果可以看出，数组 b 的初值和终值是不同的，数组 b 的终值和数组 a 的值是相同的。这说明实参和形参为同一数组，它们的值同时得以改变。

用数组名作为函数参数时还应注意以下两点：

①　形参数组和实参数组的类型必须一致，否则将引起错误。

②　形参数组和实参数组的长度可以不相同，因为在调用时，只传送首地址而不检查形参数组的长度。当形参数组的长度与实参数组不一致时，虽不至于出现语法错误(编译能通过)，但程序执行结果将与实际不符，这是应该予以注意的。

6.6　变量的存储属性

6.6.1　变量的生存周期和作用域

在讨论函数的形参变量时曾经提到，形参变量只在被调用期间才分配内存单元，调用结束后立即释放。这一点表明形参变量只有在函数内才是有效的，离开该函数就不能再使用了。这种变量的有效性范围称为**变量的作用域**。不仅对于形参变量，C 语言中所有变量都有自己的作用域。变量说明的方式不同，其作用域也不同。C 语言中的变量，按作用域范围可分为两种，即局部变量和全局变量。

1. 局部变量

局部变量也称为内部变量。局部变量是在函数内部说明的变量，其作用域仅限于函数内部，离开该函数后再使用这种变量就是不允许的了。

例如：

```
int fun1(int a)
{
    int b,c;
    …
}
```

注：fun1 中的局部变量有 a、b 和 c。

```
int fun2(int x)
{
    int y,z;
    …
}
```

注：fun2 中的局部变量有 x、y 和 z。

```
int main()
{
    int i;
    float m,n ;
    …
    return 0;
}
```

注：main 函数中的局部变量有 i、m 和 n。

在函数 fun1 内定义了 3 个变量: a 为形参, b、c 为普通变量。在函数 fun1 的范围内 a、b 和 c 有效, 或者说 a、b 和 c 变量的作用域局限于函数 fun1 内; 同理, x、y 和 z 的作用域局限于函数 fun2 内; i、m 和 n 的作用域局限于 main 函数内。

关于局部变量的作用域还要说明以下几点。

(1) 主函数中定义的变量只能在主函数中使用, 不能在其他函数中使用。同时, 主函数中也不能使用其他函数中定义的变量, 因为主函数也是一个函数, 它与其他函数是平行关系。

(2) 形参变量是属于被调函数的局部变量, 实参变量是属于主调函数的局部变量。

(3) 允许在不同的函数中使用相同的变量名, 它们代表不同的对象, 分配不同的单元, 互不干扰, 也不会发生混淆。

(4) 在复合语句中也可以定义变量, 其作用域只局限于复合语句范围内。

例如:

```
int main()
{
    int x,y;
    …
    {
        int b;
        x=y+b;
        …                          /* b 的作用域 */
    }
    …                              /* x 和 y 的作用域 */
    return 0;
}
```

例 6.12 局部变量使用示例。

【代码】

```
#include <stdio.h>
int main()
{
    int i=2,j=3,k;                 //①
    k=i+j;                         //②
    {
        int k=8;                   //③
        i=3;                       //④
        printf("%d,%d\n",i,k);     //⑤
    }
    printf("%d,%d\n",i,k);         //⑥
    return 0;
}
```

【运行结果】

```
3,8
3,5
```

说明：

- 代码①定义了 i、j 和 k 这 3 个变量，其中 k 未赋初值。在复合语句内通过代码③
  又定义了一个变量 k，并赋初值为 8。注意这两个 k 不是同一个变量。
- 在复合语句外是由代码①的 k 起作用，而在复合语句内则由在复合语句内代码③
  定义的 k 起作用。因此代码②的 k 为 main 所定义的，其值应为 5。代码⑤输出 k
  值，该行在复合语句内，由复合语句内定义的 k 起作用，其初值为 8，故代码⑤
  输出的 k 值为 8。
- i 在整个程序中都有效，代码④对 i 第二次赋值为 3，故代码⑥输出的 i 值也为 3。
- 代码⑥在复合语句之外，输出的 k 应为代码①所定义的 k，此 k 值由代码②计算
  得 5，故输出的 k 值为 5。

2. 全局变量

全局变量也称为外部变量，它是在函数外部定义的变量。它不属于哪一个函数，它属
于一个源程序文件。其作用域是整个源程序。在函数中使用全局变量，一般应作全局变量
说明。在一个函数之前定义的全局变量，在该函数内使用可不再加以说明。

例如：

```
int m, n;              /*全局变量*/
void fun1()            /*函数fun1*/
{
    …
}
float x, y;            /*全局变量*/
int fun2()             /*函数fun2*/
{
    …
}
int main()             /*主函数*/
{
    …
    return 0;
}
```

从上例可以看出 m、n、x 和 y 都是在函数外部定义的外部变量，都是全局变量。但 x
和 y 定义在函数 fun1 之后，所以它们在 fun1 内无效。m 和 n 定义在源程序最前面，因此
在 fun1、fun2 及 main 内不加说明都可以使用。

例 6.13　输入正方体的长(length)、宽(width)和高(height)。求体积 volume 及 3 个面的
面积(area1=length*width、area2=length*height、area3=width*height)。

【代码】

```
#include <stdio.h>
int area1,area2,area3;
int volume_areas( int a,int b,int c)
```

```
{
    int vol;
    vol=a*b*c;
    area1=a*b;
    area2=b*c;
    area3=a*c;
    return vol;                          //①
}
int main()
{
    int vol,length,width,height;
    printf("input length,width and height:\n");
    scanf("%d%d%d",&length,&width,&height);
    vol = volume_areas(length, width, height);
    printf("volume=%d,area1=%d,area2=%d,area3=%d\n",vol, area1, area2, area3);
    return 0;
}
```

【运行结果】

```
input length,width and height:
3 4 5✓
volumn=60,area1=12,area2=20,area3=15
```

📑 说明：

● 在 volume_areas 函数前定义了 3 个全局变量，即 area1、area2 和 area3，作用域是整个源程序。

● 正方体的体积是通过代码①的 return 语句返回的。

● 3 个面的面积是通过 3 个全局变量 area1、area2 和 area3 共享的。

例 6.14 全局变量与局部变量同名。

【代码】

```
#include <stdio.h>
int x=5, y=8;                    /*x, y 为全局变量*/
int max(int x, int y)           /*x, y 为局部变量*/
{
    int m;
    m=x>y?x:y;
    return m;
}
int main()
{
    int x=9;                     /*x 为局部变量*/
    printf("%d\n", max(x , y));
    return 0;
}
```

【运行结果】

9

说明:

- 在函数 max 前定义全局变量 x 和 y，作用域是整个源程序。在 main 函数内定义局部变量 x。
- 如果同一个源程序中，全局变量与局部变量同名，则在局部变量的作用范围内，外部变量被"屏蔽"，即它不起作用。

6.6.2　自动变量

函数中的局部变量，除专门声明为 static 存储类别外，都是动态地分配存储空间，数据存储在动态存储区。函数中的形参和在函数中定义的变量(包括在复合语句中定义的变量)都属此类，在调用该函数时系统会给它们分配存储空间，在函数调用结束时就自动释放这些存储空间。这类局部变量称为**自动变量**。自动变量用关键字 **auto** 作存储类别的声明。

例如:

```
int f(int a)                /*定义 f 函数，a 为参数*/
{
    auto int b,c=3;         /*定义 b、c 为自动变量*/
    ...
}
```

a 是形参，b 和 c 是自动变量，对 c 赋初值 3。执行完 f 函数后，自动释放 a、b 和 c 所占的存储单元。

关键字 auto 可以省略，auto 不写则隐式定义为"自动存储类别"，属于动态存储方式。

6.6.3　外部变量

外部变量是在函数的外部定义的，它的作用域为从变量定义处开始，到本程序文件的末尾。如果外部变量不在文件的开头定义，其有效的作用范围只限于定义点到文件终了。

如果在定义点之前的函数想引用该外部变量，则应该在引用之前用关键字 **extern** 对该变量作外部变量声明。表示该变量是一个已经定义的外部变量。有了此声明，就可以从"声明"处起，合法地使用该外部变量。

例 6.15　用 extern 声明外部变量，扩展其程序文件中的作用域。

【代码】

```
#include <stdio.h>
int max(int x,int y)
{
    int z;
    z=x>y?x:y;
```

```
    return(z);
}
int main()
{
    extern int A,B;
    printf("%d\n",max(A,B));
    return 0;
}
int A=13,B=-8;
```

【运行结果】

```
13
```

说明：

- 在本程序文件的最后一行定义了外部变量 A 和 B，但由于外部变量定义的位置在函数 main 之后，因此在 main 函数中不能直接使用外部变量 A 和 B。
- 由于在 main 函数中用 extern 对 A 和 B 进行了"外部变量声明"，就可以从"声明"处起，合法地使用外部变量 A 和 B。

6.6.4 静态变量

如果希望函数局部变量的值在函数调用结束后不消失而保留原值，这时就应该指定局部变量为"静态局部变量"，用关键字 static 进行声明。

例 6.16 静态局部变量的值。

【代码】

```
#include <stdio.h>
int fun(int x)
{
    auto y=0;                             //①
    static z=3;                           //②
    y=y+1;
    z=z+1;
    return (x+y+z);
}
int main()
{
    int n=2,i;
    for(i=0;i<3;i++)
    {
        printf("%d\n",fun(n));
    }
    return 0;
}
```

【运行结果】

```
7
8
9
```

📖 说明：

- 静态局部变量属于静态存储类别，在静态存储区内分配存储单元。在程序整个运行期间都不释放。而自动变量(即动态局部变量)属于动态存储类别，占用动态存储空间，函数调用结束后即释放。

- 静态局部变量在编译时赋初值，即只赋初值一次，如代码②定义的 static 变量 z；而对自动变量赋初值是在函数调用时进行，如代码①定义的 auto 变量 y，每调用一次函数重新给一次初值，相当于执行一次赋值语句。

- 如果在定义局部变量时不赋初值，对静态局部变量来说，编译时自动赋初值 0(对数值型变量)或空字符(对字符变量)；而对自动变量来说，如果不赋初值则它的值是一个不确定的值。

例 6.17　打印 1~5 的阶乘值。

【代码】

```c
#include <stdio.h>
int fac(int n)
{
    static int s=1;                          //①
    s=s*n;
    return(s);
}
int main()
{
    int n;
    for(n=1;n<=5;n++)
    {
        printf("%d!=%d\n",n,fac(n));
    }
    return 0;
}
```

【运行结果】

```
1!=1
2!=2
3!=6
4!=24
5!=120
```

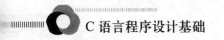

说明:

- 函数 fac 被调用了 5 次, 只有第 1 次被调用的时候给静态局部变量 s 赋初始值。在 fac 函数第 2～5 次被调用时, 代码①将不再被执行。
- 每一次函数 fac 被调用结束以后, 静态局部变量 s 的值都将被保留下来, 供下一次 fac 函数被调用时使用(即可以用静态局部变量保留前一次函数调用的结果)。

6.6.5 变量的存储类别

前面已经介绍过, 从变量的作用域(即空间)角度来分, 可分为全局变量和局部变量。从变量值存在的时间(即生存期)角度来分, 可分为静态存储方式和动态存储方式。

静态存储方式是指在程序运行期间分配固定的存储空间的方式。动态存储方式是在程序运行期间根据需要进行动态分配存储空间的方式。

用户存储空间可分为以下 3 个部分, 即程序区、静态存储区和动态存储区, 如图 6.8 所示。

程序区	静态存储区	动态存储区

图 6.8 用户存储空间示意图

全局变量全部存放在静态存储区。在程序开始执行时, 给全局变量分配存储区, 程序运行完毕后释放。在程序执行过程中它们占据固定的存储单元, 而不动态地进行分配和释放。

动态存储区存放以下数据。

- 函数形式参数。
- 自动变量(未加 static 声明的局部变量)。
- 函数调用时的现场保护信息和返回地址。

对以上这些数据, 在函数开始调用时分配动态存储空间, 函数结束时释放这些空间。在 C 语言中, 每个变量和函数有两个属性, 即数据类型和数据存储类别。

6.7 函数的分类

可从不同的角度对 C 语言的函数进行分类。

(1) 从函数定义的角度看, C 语言的函数分为**主函数、库函数和用户自定义函数**。

① 主函数即 main 函数, 它可以调用其他函数, 而不允许被其他函数调用。C 程序的执行总是从 main 函数开始, 完成对其他函数的调用后, 再返回到 main 函数, 最后由 main 函数结束整个程序。一个 C 源程序必须有且仅有一个主函数。

② 库函数又称标准函数, 是由 C 系统提供, 用户无须定义或声明, 只需在程序前用 include 命令包含该函数原型的头文件即可, 在程序中可以直接调用。在前面各章的例题中用到的 printf、scanf、getchar 和 putchar 等函数均是 C 系统提供的标准函数。

库函数的函数体不是在.h 文件中实现的, 而是在另外的.c 文件中实现的, 头文件中只提供了标准库函数的函数原型。在调用函数时，系统会正确地调用库函数。其实库文件中的函数早就已经编译好了并存放在.obj 或者是.lib 的文件里面，这种是静态的。在程序编译完成以后，链接器再将程序的.obj 文件和库文件中的.obj 文件进行链接，最后生成.exe 文件。

③ 用户自定义函数，是用户按需要自己定义的函数，要在程序中定义函数本身。函数的定义是为了函数的使用，而函数的使用是通过函数调用实现的。

如果被调函数的定义在主调函数之前，则主调函数直接调用被调函数即可。如果被调函数的定义出现在主调函数之后，则 C 语言规定，必须在主调函数中说明函数的原型，函数原型与函数定义必须一致；否则会引起编译错误。

(2) 从函数的返回值角度来看，C 语言的函数分为**有返回值函数**和**无返回值函数**两种。

① 有返回值函数。此类函数被调用执行完后，将向调用者返回一个执行结果，称为函数的返回值。用户自定义的有返回值的函数，必须在函数定义和函数声明中明确其返回值的类型。

② 无返回值函数。此类函数用于完成某项特定的处理任务，执行完成后，不向调用者返回函数值。用户在定义此类函数时指定它的返回值类型为"空类型"(空类型的说明符为 void)。

(3) 从主调函数和被调函数之间数据传送的角度看，C 语言的函数可分为**无参函数**和**有参函数**两种。

① 无参函数。函数定义、声明及调用中均不带参数。主调函数和被调函数之间不进行参数传送。此类函数通常用来完成一项指定的功能，可以返回或不返回函数值。

② 有参函数。也称为带参函数。在函数定义及函数声明时都有参数，称为形式参数(简称为形参)。在函数调用时也必须给出参数，称为实际参数(简称为实参)。进行函数调用时，主调函数将把实参的值传送给形参，供被调函数使用。

应该指出的是，在 C 语言中，所有函数定义，包括主函数 main 在内，都是平行的。也就是说，在一个函数的函数体内，不能再定义另一个函数，即不能嵌套定义。但是函数之间允许相互调用，即允许嵌套调用。习惯上把调用者称为主调函数。函数也可以自己调用自己，称为递归调用。

下面用表 6.2 对函数的分类进行归纳。

表 6.2　函数分类表

视　角	类　别	说　明	举　例
从函数定义的角度看	主函数	程序执行的入口和出口。一个源程序有且仅有一个主函数	main
	库函数	用户无须定义或声明，可以直接调用，但需在程序前包含相应的头文件	printf、scanf
	用户自定义函数	是由用户按需要自己定义的函数。如果被调函数的定义出现在主调函数之后，必须在主调函数中说明函数的原型	float ave(int score[50])

视　角	类　别	说　明	举　例
从函数返回值角度看	有返回值函数	被调用函数执行完后,将向调用者返回执行结果(也称为函数的返回值)	int max(int x, int y)
	无返回值函数	在函数内部完成特定处理任务,执行完成后不向调用者返回函数值	void sort(int score[50])
从函数间数据传送的角度看	无参函数	主调函数和被调函数之间不进行参数传送	void array_input()
	有参函数	主调函数和被调函数之间通过实参和形参进行数据传送	int max(int score[50])

习　题　6

一、单项选择题

1. C 语言程序的基本组成单元是(　　)。

  A. 变量　　　　　　B. 函数　　　　　C. 常量　　　　　D. 表达式

2. 以下函数首部书写正确的是(　　)。

  A. double fun(int x, int y)　　　　B. double fun(int x; int y)

  C. double fun(int x, int y);　　　　D. double fun(int x , y)

3. 以下正确的函数定义形式是(　　)。

```
 A. double fun(int x, int y)        B. fun (int x, y)
    {                                  {
        z=x+y;                             int z;
        return z;                          return z;
    }                                  }
 C. fun(x,y)                        D. double fun(int x,int y)
    {                                  {
        int x,y;                           double z;
        double z;                          z=x+y;
        z=x+y;                             return z;
        return z;                      }
    }
```

4. C 语言允许函数类型缺省定义,此时该函数隐含的类型是(　　)。

  A. float 型　　　　B. int 型　　　　C. long 型　　　　D. double 型

5. C 语言规定,函数返回值类型是由(　　)。

  A. return 语句中的表达式类型决定的

  B. 调用该函数时的主调函数类型决定的

  C. 调用该函数时系统临时决定的

  D. 定义该函数时所指定的函数类型标识符决定的

6. 以下函数的类型是(　　)。

```
fun( float x )
{
    float y;
    y=3*x-4;
    return y;
}
```

    A. int　　　　　　B. 不确定　　　　C. void　　　　　D. float

7. 以下说法中正确的是(　　)。

    A. C 语言程序总是从第一个函数开始执行

    B. C 语言程序中，要调用的函数必须在 main 函数中定义

    C. C 语言程序总是从 main 函数开始执行

    D. C 语言程序中的 main 函数必须放在程序的开始部分

8. 有以下程序:

```
void fun (int a,int b,int c)
{
    a=456; b=567; c=678;
}
int main()
{
    int x=10,y=20,z=30;
    fun(x,y,z);
    printf("%d,%d,%d",x,y,z);
    return 0;
}
```

    输出结果是(　　)。

    A. 30,20,10　　　B. 10,20,30　　　C. 456,567,678　　D. 678,567,456

9. 若有以下程序，执行后输出结果是(　　)。

```
int f(int x,int y)
{
    return (y-x)*x;
}
int main()
{
    int a=3,b=4,c=5,d;
    d=f(f(3,4),f(3,5));
    printf("%d\n",d);
    return 0;
}
```

    A. 3　　　　　　　B. 6　　　　　　　C. 9　　　　　　　D. 12

10. 函数调用时，实参和形参应该具有的对应关系是(　　)。

    A. 类型一致　　　B. 个数一致　　　C. 顺序一致　　　D. 以上都要满足

11. 若有以下函数调用语句：fun(a+b,(x,y),fun(n+k,d,(a,b)));，此函数调用语句中实参的个数是(   )。

    A. 3   B. 4   C. 5   D. 6

12. 有以下函数调用语句:func(rec1,rec2+rec3,(rec4,rec5));，则该函数调用语句中含有的实参个数是(   )。

    A. 3   B. 4   C. 5   D. 有语法错

13. 下面程序的运行结果是(   )。

```c
int max(int x, int y)
{
    if (x>y)
        return x;
    else
        return y;
}
int sum(int i)
{
    return i+1;
    return i+2;
}
int main()
{
    int a=1, b=9, j;
    printf("%d", max(a+2, b));
    j=sum(6);
    printf("%d\n", j);
    return 0;
}
```

    A. 38   B. 56   C. 97   D. 108

14. 若主调函数类型为 double，被调函数定义中没有进行函数类型说明，而 return 语句中的表达式类型为 float 型，则被调函数返回值的类型是(   )。

    A. int 型   B. float 型

    C. double 型   D. 由系统当时的情况而定

15. 以下关于 C 语言程序中函数的说法，正确的是(   )。

    A. 函数的定义可以嵌套，但函数的调用不可以嵌套

    B. 函数的定义不可以嵌套，但函数的调用可以嵌套

    C. 函数的定义和调用均不可以嵌套

    D. 函数的定义和调用都可以嵌套

16. 有以下程序：

```c
int fib(int  n)
{
    if(n>2)
        return(fib(n-1)+fib(n-2));
```

```
    else
        return (2);
}
int main()
{
    printf("%d\n",fib(3));
}
```

该程序的输出结果是(   )。

A. 2   B. 4   C. 6   D. 8

17. 若函数调用时用数组名作为函数参数,以下叙述中不正确的是(   )。

    A. 实参与其对应的形参共占用同一段存储空间

    B. 实参将其地址传递给形参,结果实现了参数之间的"双向"值传递

    C. 实参与其对应的形参分别占用不同的存储空间

    D. 在调用函数中必须说明数组的大小,但在被调函数中可以不指定数组长度

18. 以下是对函数的描述,不正确的是(   )。

    A. 调用函数时,实参可以是常量、表达式

    B. 调用函数时,将为形参分配内存单元

    C. 调用函数时,实参与形参个数必须相同

    D. 调用函数时,形参必须是整型

19. 若有以下调用语句,则不正确的 fun 函数的首部是(   )。

```
int main()
{
    ...
    int a[20],n;
    ...
    fun(n,&a[10]);
    ...
    return 0;
}
```

    A. void fun(int m, int x[])   B. void fun(int s, int h[30])

    C. void fun(int p, int *s)   D. void fun(int n, int a)

20. 以下函数值的类型是(   )。

```
fun ( float x )
{
    float y;
    y=x/3-4;
    return y;
}
```

    A. int   B. 不确定   C. void   D. float

21. 若有程序:

```
#include <stdio.h>
void f(int n);
int main()
{
    void f(int  n);
    f(5);
    return 0;
}
void f(int n)
{
    printf("%d\n",n);
}
```

则以下叙述中不正确的是( )。

A. 若只在主函数中对函数 f 进行说明, 则只能在主函数中调用函数 f

B. 若在主函数前对函数 f 进行说明, 则在主函数和其后的其他函数中都可以调用函数 f

C. 对于以上程序, 编译时系统会提示出错信息

D. 函数 f 无返回值, 所以可用 void 将其类型定义为无值型

22. 请读程序:

```
#include <stdio.h>
f(int b[],int n)
{
    int i,r;
    r=1;
    for (i=0;i<=n;i++)  r=r*b[i];
    return r;
}
int main()
{
    int x,a[]={3,4,5,6,7,8,9};
    x=f(a,2);
    printf("%d\n",x);
    return 0;
}
```

上面程序的输出结果是( )。

A. 720   B. 120   C. 60   D. 24

23. 执行下列程序后, 变量 a 的值应为( )。

```
#include <stdio.h>
int f(int x)
{
    return x+3;
}
int main()
```

```
{
    int a=1;
    while(f(a)<10)
        a++;
    printf("%d\n",a);
    return 0;
}
```

A. 11   B. 10   C. 9   D. 7

24. 下列程序的结果为( )。

```
#include <stdio.h>
void change(int x,int y)
{
    int t;
    t=x;x=y;y=t;
}
int main()
{
    int x=2,y=3;
    change(x,y);
    printf("x=%d,y=%d\n",x,y);
    return 0;
}
```

A. x=3,y=2   B. x=2,y=3   C. x=2,y=2   D. x=3,y=3

25. 以下函数返回 a 数组中最小值所在的下标，在画线处应填入的是( )。

```
int fun(int a[],int n)
{
    int i,j=0,p;
    p=j;
    for(i=j;i<n;i++)
        if(a[i]<a[p])
            _____;
    return (p);
}
```

A. i=p   B. a[p]=a[i]   C. p=j   D. p=i

26. 当调用函数时，实参是一个数组名，则向函数传送的是( )。

    A. 数组的长度   B. 数组的首地址
    C. 数组每一个元素的地址   D. 数组每个元素中的值

27. 以下叙述中，不正确的是( )。

    A. 在同一 C 程序文件中，不同函数中可以使用同名变量

    B. 在 main 函数体内定义的变量是全局变量

    C. 形参是局部变量，函数调用完成即失去意义

    D. 若同一文件中全局变量和局部变量同名，则全局变量在局部变量作用范围内
       不起作用

28. 下面程序输出的是(   )。

```
int m=13;
int fun2(int x, int y)
{
    int m=3;
    return(x*y-m);
}
int main()
{
    int a=7, b=5;
    printf("%d\n",fun2(a,b)/m);
    return 0;
}
```

A. 1   B. 2   C. 7   D. 10

29. 以下叙述中，不正确的是(   )。

A. 在不同的函数中可以使用相同名字的变量

B. 函数中的形式参数是局部变量

C. 在一个函数内定义的变量只在本函数范围内有效

D. 在一个函数内的复合语句中定义的变量，在本函数范围内有效

30. 以下程序运行后，输出结果是(   )。

```
int d=1;
void fun(int p)
{
    int d=5;
    d+=p++;
    printf("%d",d);
}
int main()
{
    int a=3;
    fun(a);
    d+=a++;
    printf("%d\n",d);
    return 0;
}
```

A. 84   B. 99   C. 95   D. 44

31. 下面程序的输出结果是(   )。

```
int fun3(int x)
{
    static int a=3;
    a+=x;
    return(a);
}
int main()
```

```
{
    int  k=2,  m=1,  n;
    n=fun3(k);
    n=fun3(m);
    printf("%d\n",n);
    return 0;
}
```

  A. 3　　　　　　　B. 4　　　　　　　C. 6　　　　　　　D. 9

32. C 标准库函数中，数学函数的原型在(　　)头文件中。

  A. stdio.h　　　　B. math.h　　　　C. string.h　　　　D. ctype.h

33. 在 C 语言中，函数的隐含存储类别是(　　)。

  A. auto　　　　　B. static　　　　C. extern　　　　D. 无存储类别

二、判断题

1. 在 C 程序中，要调用的函数必须在 main 函数中定义。　　　　　　　(　)

2. C 源程序文件由一个或多个函数组成，所以函数是一个独立的编译单位。(　)

3. 在 main 函数中定义的变量称为全局变量。　　　　　　　　　　　　(　)

4. 建立函数的目的是为了提高程序的执行效率。　　　　　　　　　　　(　)

5. 用户若需调用标准库函数，调用前必须重新定义。　　　　　　　　　(　)

6. 形参可以是常量、变量或表达式，只要与其对应的实参类型一致即可。(　)

7. 在不同函数中可以使用相同名字的变量。　　　　　　　　　　　　　(　)

8. main 函数是系统提供的主函数，不需要用户自己编写。　　　　　　　(　)

9. 如果某个函数在定义时省略了存储类型，则默认的存储类型是 int。　(　)

10. 用指针作为函数参数时，采用的是"地址传送"方式。　　　　　　　(　)

11. 如果函数值的类型与返回值类型不一致，以函数值类型为准。　　　　(　)

12. 如果形参和实参的类型不一致，以实参的类型为准。　　　　　　　　(　)

13. 简单变量作实参时，它与对应形参之间的数据传递方式是地址传递。　(　)

14. 若用数组名作为函数调用的实参，传递给形参的是数组中的第一个元素的值。

                         (　)

15. 若用一维数组名作为函数实参，则必须在主调函数中说明此数组的大小。(　)

三、程序填空题

1. 下面程序的功能通过函数计算两个整数之和，并打印输出。请填空。

```
#include <stdio.h>
_____;
int main()
{
    int a,b;
    int sum;
    scanf("%d%d",&a,&b);
    sum=_____;
```

```
    printf("%d+%d=%d\n",a,b,sum);
    return 0;
}
int add(int x,int y)
{
    return x+y;
}
```

2. 以下程序中，函数 fun 的功能是计算 x^2-2x+6，主函数中将调用 fun 函数计算：

$y_1=(x+8)^2-2(x+8)+6$

$y_2=\sin^2x-2\sin x+6$

请填空。

```
#include <stdio.h>
#include <math.h>
double fun(double x)
{
    return(x*x-2*x+6);
}
int main()
{
    double  x,y1,y2;
    printf("Enter x: ");
    scanf("%lf",&x);
    y1=fun(_____);
    y2=fun(_____);
    printf("y1=%lf,y2=%lf\n",y1,y2);
    return 0;
}
```

3. 以下程序的功能是：删除一维数组中所有相同的数，使之只剩一个。数组中的数已按由小到大的顺序排列，函数返回删除后数组中数据的个数。

例如，若一维数组中的数据是：

```
2 2 2 3 4 4 5 6 6 6 6 7 7 8 9 9 10 10 10
```

删除后，数组中的内容应该是：

```
2 3 4 5 6 7 8 9 10
```

请填空。

```
#include <stdio.h>
#define N 80
int fun(int a[], int n)
{
    int i,j=1;
    for(i=1;i<n;i++)
    {
        if(a[j-1]_____a[i])
        {
```

```
                a[j++]=a[i];
            }
        }
        _____;
}
int main()
{
    int a[N]={ 2,2,2,3,4,4,5,6,6,6,6,7,7,8,9,9,10,10,10}, i, n=19;
    printf("The original data : \n");
    for(i=0; i<n; i++)
    {
        printf("%3d",a[i]);
    }
    n=fun(a,n);
    printf("\nThe data after deleted: \n");
    for(i=0; i<n; i++)
    {
        printf("%3d",a[i]);
    }
    printf("\n");
    return 0;
}
```

4. 下面程序的功能用递归算法求 1!+2!+3!+…+n!。请填空。

```
#include<stdio.h>
float fun(int n)
{
    if(n==1)
    {
        _____;        //如果 n=1 则直接返回 1
    }
    else
    {
        _____;        //否则返回 n*fun(n-1)，以此计算 n 的阶乘
    }
}
int main()
{
    int i,n;
    float sum=0;
    scanf("%d",&n);
    for(i=1;i<=n;i++)
    {
        sum+=_____;        //循环调用，用 sum 累计
    }
    printf("sum=%.2f\n",sum);
    return 0;
}
```

四、编程题

1. 编写一个函数 double fun(int n)。当 n 为偶数时，调用函数 fun 求 1/2+1/4+⋯+1/n 的值；当 n 为奇数时，调用函数 fun 求 1/1+1/3+⋯+1/n 的值。在主函数中输入 n 的值，调用函数 fun，并输出结果。

2. 写一个函数 double power(double x, int n)，其返回值为 x^n，并用此函数计算 1.53 的 3 次幂。

3. 求 1～10 共 10 个数中取出 3 个不同的数，共有多少种组合方式？

算法：使用数学中的组合公式，其中 $m=10$，$n=3$。

$$C_m^n = \frac{m!}{n!(m-n)!}$$

4. 用递归算法编写求 Fibonacci 数列第 n 项值的函数 fib(int n)，并用主函数输出它的前 20 项来验证该函数。

5. 定义两个函数，分别使用递归和非递归的方式，打印前 10 行杨辉三角形。

```
1
1   1
1   2   1
1   3   3   1
1   4   6   4   1
1   5   10  10  5   1
1   6   15  20  15  6   1
1   7   21  35  35  21  7   1
1   8   28  56  70  56  28  8   1
1   9   36  84  126 126 84  36  9   1
```

第 7 章

编译预处理

本章主要介绍编译预处理的相关概念，宏定义的创建和使用，文件包含命令的使用和条件编译命令等。

学习目标

本章要求了解预处理的基本概念，掌握无参数和带参数的宏定义命令，掌握文件包含命令的使用规则，了解条件编译命令，并理解 C 语言源程序加工处理的 3 个步骤。

本章要点

- 预处理的概念
- 宏定义命令
- 文件包含命令
- 条件编译命令

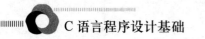

7.1   预处理的概念

要想执行 C 语言源程序需要经历 3 个步骤：①预处理；②编译；③链接。C 语言编译系统提供的预处理器(预处理程序)对程序中预处理指令进行编译处理。由预处理得到的信息与程序其他部分一起，组成完整的可以用来正式编译的源程序，再由编译系统对该源程序进行编译，然后链接资源生成可执行的文件。

在前面章节的源程序中，一直都有"#"开头的预处理命令。如包含命令#include。在源程序中这些命令都独立于函数之外，而且一般都位于源文件的前面，它们被称为预处理部分。

编译预处理就是对 C 语言的源程序进行编译前，由"编译预处理程序"对预处理命令行进行处理的过程。当对一个源文件进行编译时，系统将自动引用预处理程序对源程序中的预处理部分做处理，处理完毕自动进行对源程序的编译。

C 语言提供了多种预处理功能，如宏定义、文件包含、条件编译等。合理地使用预处理功能编写的程序便于阅读、修改、移植和调试，也有利于模块化程序设计。本章介绍常用的几种预处理命令。

7.2   宏定义命令

在 C 语言源程序中允许用一个标识符来表示一个字符串，称为**"宏"**。被定义为**"宏"**的标识符称为**"宏名"**。在编译预处理时，对程序中所有出现的**"宏名"**都用宏定义中的字符串去代替，这称为**"宏替换"**或**"宏展开"**。

宏定义是由源程序中的宏定义命令完成的。宏替换是由预处理程序自动完成的。

在 C 语言中，"宏"分为有参数和无参数两种。下面分别讨论这两种"宏"的定义和调用。

7.2.1   无参数宏定义命令

无参数宏的宏名后不带参数。
其定义的一般形式为：

其中"#"表示这是一条预处理命令。凡是以"#"开头的均为预处理命令。"define"为宏定义命令。"标识符"为所定义的宏名。"字符串"可以是常数、表达式和格式串等。

可以对**程序中反复使用的表达式**进行宏定义。例如：

#define　　　　　**M**　　　　　**(x*x+2*x)**

　　　　　　　　　　宏名　　　代替的文本

它的作用是指定标识符 M 来代替表达式(x*x+2*x)。在编写源程序时，所有的 (x*x+2*x)都可由 M 代替，而对源程序作编译时，将先由预处理程序进行宏替换，即用 (x*x+2*x)表达式去替换所有的宏名 M，然后再进行编译。

例 7.1　无参数宏定义示例 1。

【代码】

```
#include<stdio.h>
#define M (x*x+2*x)          /*宏名M与后面的字符串(x*x+2*x)之间用空格间隔*/
int main()
{
    int s,x;
    printf("input a number:\n ");
    scanf("%d",&x);
    s=2*M+4*M+6*M;
    printf("s=%d\n",s);
    return 0;
}
```

说明：　　程序中首先进行宏定义，定义 M 来替代表达式串(x*x+2*x)，在 s=2*M+4*M+6*M 中作了宏调用。在预处理时经宏展开后该语句变为：

```
s=2 * (x*x+2*x) + 4 *(x*x+2*x)+ 6 * (x*x+2*x) ;
```

相当于：

```
s=2(x²+2x)+4(x²+2x)+6(x²+2x)
```

$$s=2(x^2+2x)+4(x^2+2x)+6(x^2+2x)$$

注意：在宏定义中表达式串(x*x+2*x)两边的圆括号不能少；否则会发生错误。例如：

```
#difine M x*x+2*x
```

则宏展开是：

```
s=2 * x*x+2*x + 4 *x*x+2*x + 6 *x*x+2*x ;
```

相当于：

$$s=2x^2+2x+4x^2+2x+6x^2+2x \ ;$$

对于宏定义还要说明以下几点。

(1) 宏定义是用宏名来表示一个字符串，在宏展开时又以该字符串取代宏名，这只是一种**简单的替换**，字符串中可以包含任何字符，可以是常数，也可以是表达式，预处理程序对它不作任何检查。如有错误，只能在编译已被宏展开后的源程序时发现。

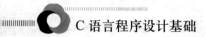

(2) 宏定义不是说明或语句，**行末不必加分号**，如加上分号则连分号也一起替换。

(3) 宏定义必须**写在函数之外**，其作用域为从宏定义之处开始到源程序结束为止。如要终止其作用域，可使用**#undef** 命令。

例如：

```
#define Y 100
int main()
{
    …
}
#undef Y
int fun()
{
    …
}
```

表示 Y 只在 main 函数中有效，在 fun 函数中无效。

(4) 预处理程序不对**双引号内**的宏名作宏替换。

例 7.2 无参数宏定义示例 2。

【代码】

```
#include<stdio.h>
#define Z 2000
int main()
{
    printf("Z");
    return 0;
}
```

上例中定义宏名 Z 表示 2000，但在 printf 语句中 Z 被引号括起来，因此不作宏替换，把 "Z" 当普通的字符串处理。程序的运行结果为 Z，而不是 2000。

(5) 宏定义**允许嵌套**，在宏定义的字符串中可以使用已经定义的宏名。在宏展开时由预处理程序层层替换。

例如：

```
#define PI 3.1416
#define S PI*r*r                          /* PI 是已定义的宏名*/
```

对语句：

```
printf("%f",S);
```

在宏替换后变为：

```
printf("%f",3.1416*r*r);
```

(6) 习惯上宏名**用大写字母表示**，以区别于变量，但也允许用小写字母。

(7) 宏定义的使用习惯如下。

① 鉴于宏定义的特点，常被用来表示数据类型，以使书写更方便。例如：

```
#define INTEGER int
```

在程序中即可用 INTEGER 作整型变量说明：

```
INTEGER a,b;
```

但是，要注意用宏定义表示数据类型和用 typedef 定义数据说明符的区别。

宏定义只是简单的字符串替换，是在预处理阶段完成的，而 typedef 是在编译时处理的，它不是作简单的替换，而是对类型说明符重新命名。被命名的标识符具有类型定义说明的功能，例如：

```
#define P1 int *
typedef (int *) P2;
```

从形式上看这两者相似，但在实际使用中却不相同。例如，P1 a,b;在宏替换后变成：

```
int *a,b;
```

表示 a 是指向整型的指针变量，而 b 是整型变量。

然而：

```
P2 a,b;
```

表示 a、b 都是指向整型的指针变量，因为 P2 是一个类型说明符。宏定义虽然也可以表示数据类型，但毕竟是作字符替换。

② 常用于替换"输出格式"，以减少书写麻烦。

例 7.3 无参数宏定义示例 3。

【代码】

```
#include<stdio.h>
#define PF printf
#define D "%d\n"
#define F "%f\n"
int main()
{
    int a=1, c=2;
    float b=1.2, d=3.4;
    PF(D F,a,b);
    PF(D F,c,d);
    return 0;
}
```

7.2.2　带参数宏定义命令

C 语言允许宏带有参数。在宏定义中的参数称为形式参数，在宏调用中的参数称为实际参数。对带参数的宏，在调用中不仅要宏展开，而且要用实参去替换形参。

带参数宏定义的一般形式为：

宏定义命令　　　　宏名　　　　代替的文本

在字符串中含有若干个形参。带参数宏调用的一般形式为：

```
宏名(实参表);
```

例如：

```
#define M(x)  (x*x+2*x)            /*宏定义*/
…
k=M(5);                           /*宏调用*/
…
```

在宏调用时，用实参 5 去代替形参 x，经预处理宏展开后的语句为：

```
k=5*5+2*5;
```

例 7.4　带参数宏定义示例 1。

【代码】

```
#include<stdio.h>
#define MAX(a,b)  (a>b)?a:b
int main()
{
    int x,y,max;
    printf("please input two numbers:\n ");
    scanf("%d%d",&x,&y);
    max=MAX(x,y);
    printf("max=%d\n",max);
    return 0;
}
```

说明：　　程序第 2 行进行带参数宏定义，用宏名 MAX 表示条件表达式(a>b)?a:b，形参 a、b 均出现在条件表达式中。程序第 8 行 max=MAX(x,y)为宏调用，实参 x、y 将替换形参 a、b。宏展开后该语句为：

```
max=(x>y)?x:y;
```

对于带参数的宏定义还要说明以下几点。

(1)　带参数宏定义中，宏名和形参表之间不能有空格出现。

例如，把：

```
#define MAX(a,b)  (a>b)?a:b
```

写为：

```
#define MAX (a,b)  (a>b)?a:b
```

将被认为是无参数宏定义，宏名 MAX 被替换为字符串 (a,b) (a>b)?a:b。宏展开时，宏调用语句：

```
max=MAX(x,y);
```

将变为：

```
max= (a,b)  (a>b)?a:b(x,y);
```

这显然是错误的。

(2)　在带参数宏定义中，形式参数不分配内存单元，因此不必作类型定义。而宏调用中的实参有具体的值，要用它们去替换形参，因此必须作类型说明。这点与函数中的情况不同。在函数中，形参和实参是两个不同的量，各有自己的作用域，调用时要把实参值赋给形参，进行"值传递"。而在带参数宏中，**只是符号替换**，不存在值传递的问题。

(3)　在宏定义中的形参是标识符，而宏调用中的实参可以是表达式。

例 7.5　带参数宏定义示例 2。

【代码】

```
#include<stdio.h>
#define M(x) (x)*(x)
int main()
{
    int a,s;
    printf("please input a number:\n");
    scanf("%d",&a);
    s=M(a+1);
    printf("s=%d\n",s);
    return 0;
}
```

上例中第 2 行为宏定义，形参为 x。程序第 8 行宏调用中实参为 a+1，是一个表达式，在宏展开时，用 a+1 替换 x，再用(x)*(x) 替换 M，得到以下语句：

```
s=(a+1)*(a+1);
```

这与函数的调用是不同的，函数调用时要把实参表达式的值先求出来再赋给形参，而宏替换中对实参表达式不作计算，直接原样替换。

(4)　在宏定义中，字符串内的形参通常要用括号括起来以避免出错。在例 7.5 中的宏定义(x)*(x)表达式的 x 都用括号括起来，因此结果是正确的。如果去掉括号，把程序改为例 7.6 的形式。

例 7.6　带参数宏定义示例 3。

【代码】

```
#include<stdio.h>
#define M(x) x*x
int main()
{
```

```
    int a,s;
    printf("please input a number:\n ");
    scanf("%d",&a);
    s=M(a+1);
    printf("s=%d\n",s);
    return 0;
}
```

【运行结果】

```
Please input a number:
3✓
s=7
```

同样输入 3，但结果却是不一样的。这是由于替换只作符号替换，而不作其他处理所造成的。宏替换后将得到以下语句：

```
s=a+1*a+1;
```

由于 a 为 3，故 s 的值为 7。这显然与题意相违，因此要注意，参数两边的括号是不能少的。

7.3 文件包含命令

文件包含是 C 预处理程序的另一个重要功能，也是写程序时通常放在第一行书写的内容。

文件包含命令行的一般形式为：

```
#include "文件名"
```

或

```
#include <文件名>
```

在之前的程序中已多次用此命令包含过库函数的头文件。例如：

```
#include <stdio.h>
#include <math.h>
```

文件包含命令的功能是把指定的文件插入该命令行位置取代该命令行，从而把指定的文件和当前的源程序文件链接成一个源文件。在程序设计中，文件包含是很有用的。一个大的程序可以分为多个模块，由多个程序员分别编写。一些公用的符号常量或宏定义等可单独组成一个文件，在其他文件的开头用包含命令包含该文件即可使用。这样做的好处是可避免在每个文件开头都去书写那些公用内容，从而节省时间，并降低出错的可能性。

对文件包含命令还要说明以下几点。

(1) 包含命令中的文件名可以用双引号括起来，也可以用尖括号括起来，以下写法都是允许的：

```
#include "stdio.h"
#include <math.h>
```

但是这两种书写形式是有区别的：使用**尖括号**表示在包含文件目录中查找(包含目录是由用户在设置环境时设置的)，而不在源文件目录查找；使用**双引号**则表示首先在当前的源文件目录中查找，若未找到才到包含目录中去查找。用户编程时可根据自己文件所在的目录来选择某一种命令形式。

(2) 一个 include 命令只能指定一个被包含文件，若有多个文件要包含，则需用多个 include 命令，如：

```
#include <math.h>
#include <string.h>
```

(3) 文件包含允许嵌套，即在一个被包含的文件中又可以包含另一个文件。

7.4　条件编译命令

预处理程序提供了条件编译的功能，可以按不同的条件去编译不同的程序部分，因而产生不同的目标代码文件。这有助于程序的移植和调试。

条件编译有 3 种形式。

1. 第一种形式

```
#ifdef 标识符
    程序段 1
#else
    程序段 2
#endif
```

上述写法的功能是，如果标识符已被#define 命令定义过，则对程序段 1 进行编译；否则对程序段 2 进行编译。如果没有程序段 2，本格式中的#else 可以没有，即可以写为：

```
#ifdef 标识符
    程序段
#endif
```

例 7.7　条件编译命令示例 1。

【代码】

```
#include<stdio.h>
#define NUM yes
int main()
{
    struct stu
    {
        int number;
        char *name;
        char sex;
```

```
            float score;
      }*p;
    p=(struct stu*)malloc(sizeof(struct stu));
    p->number=100;
    p->name="Li ping";
    p->sex='M';
    p->score=89.5;
    #ifdef NUM
    printf("Number=%d\nScore=%f\n",p->number,p->score);
    #else
    printf("Name=%s\nSex=%c\n",p->name,p->sex);
    #endif
    free(p);
     return 0;
}
```

📖 **说明:** 因为程序中插入了条件编译预处理命令,因此要根据 NUM 是否被定义来决定编译哪一个 printf 语句。而在程序的第一行已对 NUM 做过宏定义,因此应对第一个 printf 语句作编译,故运行结果输出了学号 number 和成绩 score。

在程序的第 2 行宏定义中,定义 NUM 表示字符串 yes,其实也可以是其他字符串,甚至为空。例如:

```
#define NUM
```

也具有同样的意义。只有取消程序的第 2 行才会去编译第二个 printf 语句,输出姓名 name 和性别 sex。

2. 第二种形式

```
#ifndef 标识符
    程序段 1
#else
    程序段 2
#endif
```

与第一种形式的区别是将"ifdef"改为"ifndef"。它的功能是,如果标识符未被 #define 命令定义过,则对程序段 1 进行编译;否则对程序段 2 进行编译。这与第一种形式的功能正相反。

3. 第三种形式

```
#if 常量表达式
    程序段 1
#else
    程序段 2
#endif
```

它的功能是,如常量表达式的值为真(非 0),则对程序段 1 进行编译;否则对程序段 2

进行编译。由此可以使程序在不同条件下完成不同的功能。

例 7.8 条件编译命令示例 2。

【代码】

```
#include<stdio.h>
#define R 5
int main()
{
    float a,sr,ss;
    printf("please input a number:\n ");
    scanf("%f",&a);
    #if R
    sr=3.14159*a*a;
    printf("area of round is: %f\n",sr);
    #else
    ss=a*a;
    printf("area of square is: %f\n",ss);
    #endif
    return 0;
}
```

说明： 本例中采用了第三种形式的条件编译。在程序第 2 行宏定义中，定义 R 为 5，因此在条件编译时，常量表达式的值为真，故计算并输出圆面积，而没有执行 else 后边的输出正方形面积。

上面介绍的条件编译当然也可以用条件语句来实现。但是用条件语句将会对整个源程序进行编译，生成的目标代码程序很长，而采用条件编译的话，根据条件只编译其中的程序段 1 或程序段 2，生成的目标程序较短。如果条件选择的程序段很长，采用条件编译的方法是十分高效的。

习 题 7

一、单项选择题

1. C 语言的编译系统对宏命令的处理(   )。

    A. 在程序运行时进行

    B. 在程序链接时进行

    C. 和 C 程序中的其他语句同时进行编译

    D. 在对源程序中其他语句正式编译之前进行

2. 以下叙述中不正确的是(   )。

    A. 预处理命令行都必须以#开始

    B. 在程序中凡是以#开始的语句行都是预处理命令行

    C. 宏替换不占用运行时间，只占编译时间

D. 以下定义是正确的：#define PI　3.1416;

3. 若有以下宏定义：

```
#define N 2
#define Y(n) ((N+1)*n)
```

则执行语句 z=2*(N+Y(5));后 z 的值为(　　)。

A. 语句有错误　　　　B. 34　　　　　　C. 70　　　　　D. z无定值

二、判断题

1. 在文件包含预处理语句(#include)的使用形式中，当之后的文件名用""(双引号)括起时，寻找被包含文件的方式是先在源程序所在目录搜索，再按系统设定的标准方式搜索。

(　　)

2. 在文件包含预处理语句(#include)的使用形式中，当之后的文件名用<>(尖括号)括起时，寻找被包含文件的方式是先在源程序所在目录搜索，再按系统设定的标准方式搜索。

(　　)

三、编程题

1. 编写一个程序，求 3 个数中的最小数，要求用带参数的宏实现。

2. 编程实现将用户输入的一个字符串中的大小写字母互换，即大写字母转换为对应的小写字母，小写字母转换为对应的大写字母。要求定义判断是大写、小写字母的宏以及大小写相互转换的宏。

第 8 章

指　针

通过指针可以直接操作内存中的某字节，进而提高程序的执行效率。本章主要介绍地址与变量、指针的使用方式、指针的基本运算、指针与数组的运算、指针与函数的使用方式。

学习目标

本章要求理解变量的直接和间接访问方式；掌握指针变量的声明、初始化；灵活运用指针进行各种运算；熟练掌握指针和数组的使用(指针与一维数组、指针与字符串、指针与二维数组)；理解指针与函数的使用。

本章要点

- 地址与变量
- 指针变量
- 指针运算
- 指针与一维数组和字符串
- 指针与二维数组
- 指针与函数

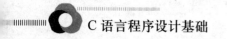

8.1　地址与变量

8.1.1　内存地址

计算机的内存是由数以亿万计的二进制**位(bit，也称比特)**组成的，每比特只能存储 0 或 1，如图 8.1(a)所示，每个小单元格是 1bit。由于 1bit 可以表示值的范围太有限，所以单独使用的用处不大，通常将若干位合成一组作为一个存储单元，这样可以存储范围较大的值。计算机内存将 8bit 称为 1 **字节(Byte)**，可以存储无符号值 0～255，或有符号值 -128～127，如图 8.1(b)所示。

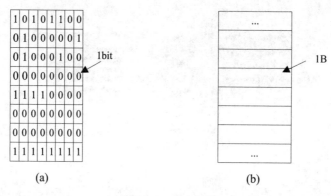

图 8.1　内存结构

内存是一个存放 0 或 1 数据的空间，就好像电影院中的座位一样，每个座位都要有一个唯一的编号。内存要存储各种各样的数据，当然要知道这些数据存放在什么位置，所以内存也要像电影院的座位一样进行编号，称为**内存编号**。座位可以按一个座位一个号码地从 1 号开始编号，内存则是以 1 字节为单位进行编址，如图 8.2 所示。每字节都有一个唯一的地址编号，称之为**内存地址**。

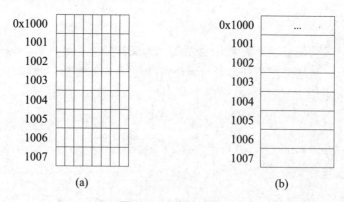

图 8.2　内存编址图

8.1.2 变量存储

例如，变量定义如下：

```
char a='B';
int i=68;
```

所有变量，都要"**先声明、后使用**"。对于上面定义的两个变量，编译器在内存中申请一个名为 a 的字符型变量的存储空间(32 位编译器中，字符型变量占 1 字节)，以及名为 i 的整型变量的存储空间(32 位编译器中，整型变量占 4 字节)，如图 8.3 所示。

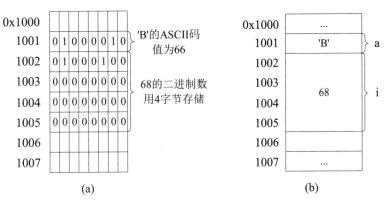

图 8.3　变量在内存中的存储

8.1.3 变量访问

通常情况下，程序中的一个变量对应内存中的一组存储单元(若干字节)，对变量的访问是通过变量名来对内存单元进行存取操作。

程序在被编译之后，变量名已被转化为与该变量相对应的存储单元地址，因而对变量的访问就是通过与之对应的地址，实现存储单元的访问。变量的访问分为两种，即**直接访问**和**间接访问**。

1. 直接访问

按照变量名来对变量进行存取的方式，称为**直接访问**。

例如，如图 8.3(a)所示，对字符型变量 a 的读取：

```
printf("%c",a);
```

先找到 a 的地址 0x1001，然后开始读取 1 字节的存储空间来获取字符'B'。

```
scanf("%d",&i);
```

在键盘上输入 i 的值为 68 时，如图 8.3(b)所示，直接把从键盘获取的数据 68 存储到以 0x1002 为起始地址的 4 字节单元中。

2. 间接访问

通过另一个变量获取某变量的地址，从而间接实现对原变量的访问方式，称为**间接访问**。例如，程序代码块如下：

```
int i=68;
int *p=&i;                              //①
printf("%d\n",i);                       //②
printf("%d\n",*p);                      //③
printf("%x\n",&i);                      //④
printf("%x\n",p);                       //⑤
```

语句①是获取变量 i 所在的地址编号，存储在指针变量 p 中。假设程序内存如图 8.4 所示，则语句②和语句③的输出结果均为 68，其中语句②是对 i 的直接访问，语句③是对 i 的间接访问。语句④和语句⑤的输出结果均为 1002，1002 是变量 i 的首地址。

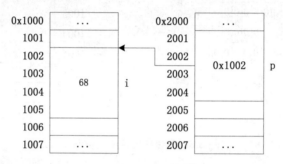

图 8.4　程序内存图

8.2 指 针 变 量

8.2.1 指针变量的声明

指针变量同其他变量一样，必须"先定义，后使用"。例如：

```
int a;
```

系统要为变量 a 分配 4 字节的内存空间，假设在内存中的地址是 0x1000、0x1001、0x1002 和 0x1003。要获取 a 的地址，可以使用取地址运算符"&"：&a。

声明一个指针变量 p，存储这个地址：0x1000。

```
int *p=&a;                      /*将变量 a 的首地址赋给 p*/
```

因为 p 中存储的是 a 的首地址，所以称 p 是指向 a 的指针变量。指针变量 p 在声明之后，系统为它分配 4 字节的空间存放 a 的首地址值 0x1000。

例 8.1　不同数据类型的指针变量。

【代码】

```
#include <stdio.h>
int main()
```

```
{
    int a;
    char b,c;
    float f;
    double d;
    int *pa;
    char *pc;
    float *pf;
    double *pd;
    a=3;
    pa=&a;                          /*指针 pa 中存储 a 的首地址*/
    printf("a 的值:%d,a 的地址:%x,pa 的值:%x,pa 的地址:%x\n",a,&a,pa,&pa);
    b='B';
    pc=&b;                          /*指针 pc 中存储 b 的首地址*/
    printf("b 的值:%c,b 的地址:%x,pc 的值:%x,pc 的地址:%x\n",b,&b,pc,&pc);
    c='C';
    pc=&c;                          /*指针 pc 中存储 c 的首地址*/
    printf("c 的值:%c,c 的地址:%x,pc 的值:%x,pc 的地址:%x\n",c,&c,pc,&pc);
    f=5.1f;
    pf=&f;                          /*指针 pf 中存储 f 的首地址*/
    printf("f 的值:%.1f,f 的地址:%x,pf 的值:%x,pf 的地址:%x\n",f,&f,pf,&pf);
    d=3.4;
    pd=&d;                          /*指针 pd 中存储 d 的首地址*/
    printf("d 的值:%.1f,d 的地址:%x,pd 的值:%x,pd 的地址:%x\n",d,&d,pd,&pd);
    return 0;
}
```

假设程序内存图如图 8.5 所示。

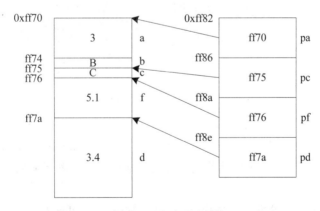

图 8.5　程序内存图

【运行结果】

```
a 的值:3,a 的地址:ff70,pa 的值:ff70,pa 的地址:ff82
b 的值:B,b 的地址:ff74,pc 的值:ff74,pc 的地址:ff86
c 的值:C,c 的地址:ff75,pc 的值:ff75,pc 的地址:ff86
f 的值:5.1,f 的地址:ff76,pf 的值:ff76,pf 的地址:ff8a
d 的值:3.4,d 的地址:ff7a,pd 的值:ff7a,pd 的地址:ff8e
```

说明：

- 从上例中可以看出指针变量的声明形式：

  类型名 *指针变量名；

  它可以与其他数据类型的变量声明在一起，如 int a,*pa;也可。无论指针变量装的是哪种数据类型的地址，指针变量都只占 4 字节，因为存储的都是指向变量的首地址。

- 变量名前面的"*"是一个指针说明符，用来说明该变量是指针变量，这个"*"是不能省略的，但它不是变量名的一部分。
- 类型名取决于指针变量所指向变量的类型，而且只能指向这种类型的变量。
- 指针变量可以存放同一类型不同变量的地址。如 pc 先存放的是 b 的地址，然后又改为存放 c 的地址，存放了哪个变量的地址就称指针指向了谁。
- 指针变量中虽然只存放首地址，比如 pa 中存放 a 的首地址 ff70，但是因为 pa 是整型变量指针，系统会知道地址 ff71、ff72 和 ff73 也被变量 a 占用。

8.2.2 指针变量运算符"*"及其使用

指针变量运算符"*"表示该指针变量所指向内存单元中的变量。它的作用是通过指针变量间接访问所指向的变量(存或取数据)。形式如下：

```
* 指针变量名；
```

比如：

```
int a,*p;              /*指针变量可与普通变量同时声明*/
p=&a;                  /*这是把变量 a 的首地址赋给 p*/
a=3;                   /*直接操作变量 a*/
*p=5;                  /*间接操作变量 a*/
```

说明：

- *p，间接表示变量 a，也称为目标运算。
- *&a，等价于 a。因为运算符"&"和"*"是同等优先级，并且从右至左结合，所以可以写成*(&a)，含义就是先取得变量 a 的地址，然后再获取该地址中存放的内容 a。
- &*p，等价于 p。因为&*p 等价于&(*p)，而*p 就是间接表示变量 a，再执行&a，也就是 p。

例 8.2 指针运算符"*"的使用。

【代码】

```
#include <stdio.h>
int main()
{
```

```
    int a,b,*pa,*pb;
    pa=&a;
    pb=&b;
    a=5;
    *pb=8;
    printf("a=%d,*pa=%d\n",a,*pa);
    printf("b=%d,*pb=%d\n",b,*pb);
    return 0;
}
```

【运行结果】

```
a=5,*pa=5
b=8,*pb=8
```

📇 说明：

● 当 pa=&a 时，已把 a 的地址赋给了 pa，指针 pa 指向了变量 a，取指针目标*pa，就相当于取 a。

● 当 pb=&b 时，已把 b 的地址赋给了 pb，指针 pb 指向了变量 b，取指针目标*pb，就相当于取 b。

● a=5;语句是对变量 a 的直接访问；*pb=8;语句是对变量 b 的间接访问。

例 8.3　交换目标变量和交换指针变量的区别。

(1) 交换两目标变量。

【代码】

```
#include <stdio.h>
int main()
{
    int a,b,*pa,*pb,temp;
    a=3;
    b=4;
    pa=&a;
    pb=&b;
    printf("a=%d,*pa=%d,b=%d,*pb=%d\n",a,*pa,b,*pb);
    temp=*pa;                          //①
    *pa=*pb;                           //②
    *pb=temp;                          //③
    printf("交换两目标变量后：\n");
    printf("a=%d,*pa=%d,b=%d,*pb=%d\n",a,*pa,b,*pb);
}
```

【运行结果】

```
a=3,*pa=3,b=4,*pb=4
交换两目标变量后：
a=4,*pa=4,b=3,*pb=3
```

说明：

- 语句①、②、③的执行过程如图 8.6 所示。

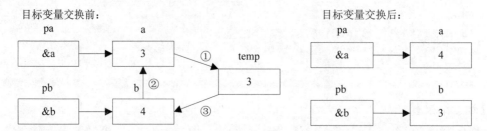

目标变量交换前：　　　　　　　　　　　　　　　　　目标变量交换后：

图 8.6　程序内存图

- 目标变量的交换，其结果相当于变量 a 和 b 的数据交换了。因为：

temp=*pa;		temp=a;
*pa=*pb;	相当于	a=b;
*pb=temp;		b=temp;

(2) 交换两指针变量。

【代码】

```c
#include <stdio.h>
int main()
{
    int a,b,*pa,*pb,*temp;
    a=3;
    b=4;
    pa=&a;
    pb=&b;
    printf("a=%d,*pa=%d,b=%d,*pb=%d\n",a,*pa,b,*pb);
    temp=pa;                                    //①
    pa=pb;                                      //②
    pb=temp;                                    //③
    printf("交换两指针变量后：\n");
    printf("a=%d,*pa=%d,b=%d,*pb=%d\n",a,*pa,b,*pb);
    return 0;
}
```

【运行结果】

```
a=3,*pa=3,b=4,*pb=4
交换两指针变量后：
a=3,*pa=4,b=4,*pb=3
```

说明：

- 语句①、②、③的执行过程如图 8.7 所示。
- 两指针变量交换后，其结果是指针 pa 和指针 pb 里面存放的地址交换了，pa 指向了 b，pb 指向了 a，而 a 和 b 的值没有变化。

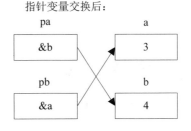

图 8.7　程序内存图

8.2.3　指针变量的初始化

在声明指针的同时，赋给其初始值，这个过程称为**指针变量的初始化**。

例 **8.4**　指针变量的初始化。

【代码】

```
#include <stdio.h>
int main()
{
    int a=10;
    int *p=&a;                  /*将 p 初始化为 a 的地址*/
    *p=*p+5;                    /*相当于 a=a+5*/
    printf("a=%d,*p=%d\n",a,*p);
    return 0;
}
```

【运行结果】

a=15,*pa=15

说明：

● int *p=&a;语句中 "*" 是一个指针说明符，"*" 是个标识符。*p=*p+5;语句中，"*" 是指针运算符，获取指针的目标变量，即 a。在声明语句中的 "*" 和在执行语句中的 "*" 是不一样的。如果将 int *p=&a;改成 int *p;*p=&a;是错误的。

● 如果声明了指针变量，但没有为其初始化，则必须在使用该指针前给它进行赋初值。不赋值就使用指针，可能会导致系统失控，甚至崩溃。因为没有赋初值的指针，它存放的地址值可能是**随机的**，该地址中存放的可能是系统指令或有效数据。当程序中使用该指针时，有可能改变系统的指令或数据，从而导致系统的破坏或程序的非正常执行。

● 给指针赋初值，允许赋 0，即 int *p=0;，系统认为此时 0 表示的是内存地址，系统保证在内存地址为 0 的空间单元中不存放有效数据，或 int *q=NULL;**NULL 表示空指针**。

● 指针虽然能够赋 0，但不能将一个整数赋给指针变量，如 int *p =3000;是错误的。因为程序编译时不认为 3000 是地址，而将其当成整数。

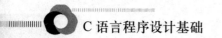

8.3 指 针 运 算

8.3.1 指针的算术运算

指针变量是一种特殊的变量。只要知道指针指向了谁，就可以用"*"获取其指向变量的值。而实际变量空间大小是由编译系统根据指针指向的数据类型自动计算的。

指针的算术运算一般是针对数组的。假设指针变量 p 和 q 是相同类型的指针，指向同一个数组的不同数组元素，且 p<q，d 为数组元素所占字节数，n 为整数，常见的指针算术运算如表 8.1 所示。

表 8.1　指针的算术运算

运算形式	含　义	地址计算
p++(或++p)	指向下一个数组元素	p+d
p--(或--p)	指向上一个数组元素	p-d
p+n	指向 p 后的第 n 个数组元素	p+n×d
p-n	指向 p 前的第 n 个数组元素	p-n×d
q-p	两个指针间的数组元素个数	数组元素个数为(q-p)/d

💡 **注意：** 指针间的+、*、/是没有意义的。

例如：

```
int a[10]={1,2,3,4,5,6,7,8,9,10};
int *p,*q;
p=&a[1];
q=&a[8];
```

假设数组 a 在内存中的首地址为 1000，则程序内存图如图 8.8 所示。

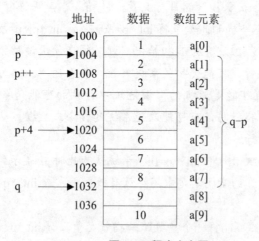

图 8.8　程序内存图

🔅 注意：

- 因为 a 是整型数组，所以每个数组元素占 4 字节。
- p=&a[1];语句使得指针 p 存储 a[1]的首地址，即 1004。
- q=&a[8];语句使得指针 q 存储 a[8]的首地址，即 1032。
- p++实际执行的是 p=p+4。
- p--实际执行的是 p=p-4。
- p+4 实际执行的是 p+4×4。
- q-p 实际执行的是(q-p)/4=(1032-1004)/4=7。

8.3.2　指针的关系运算

指针的关系运算是两个地址的比较，而且两个指针必须是同一数据类型的。设 p 和 q 为两个相同类型的指针，则：

p>q	p 存储的地址是否大于 q 存储的地址
p<q	p 存储的地址是否小于 q 存储的地址
p==q	p 存储的地址是否等于 q 存储的地址
p!=q	p 存储的地址是否不等于 q 存储的地址
p>=q	p 存储的地址是否大于等于 q 存储的地址
p<=q	p 存储的地址是否小于等于 q 存储的地址

🔅 **注意：** 指针变量不能和整数比较。唯一例外是可以同 0 或 NULL 比较。

例 8.5　定义一个指向字符串指针变量，以%c 打印输出。

【代码】

```
#include <stdio.h>
int main()
{
    char c[]="hello world!";
    char *p,*q;
    p=&c[0];                        /*或p=c;，数组名表示首地址*/
    while(*p!='\0')
    {
        printf("%c",*p);
        p++;
    }
    printf("\n");
    p=c;
    q=&c[5];
    while(p<q)                      /*指针地址之间的比较*/
    {
        printf("%c",*p);
        p++;
    }
}
```

```
    printf("\n");
    return 0;
}
```

【运行结果】

```
hello world!
Hello
```

💡 **注意：**

● 在第一个循环中，当*p 为'\0'时，表示 p 指向了字符串的尾部，循环结束。

● 在第二个循环前，需重新设定 p 指向数组的首地址，因为上一个循环结束后，p++使指针 p 指向了字符串的尾部。

8.3.3 指针的赋值运算

指针的赋值运算主要是给指针进行初始化赋值，有以下 4 种方式。

(1) 将一个变量地址赋给指针，其地址由取地址符 "&" 获取。

```
int a,*p;
p=&a;                    /*把 a 的地址赋给指针 p*/
```

(2) 将一个指针变量赋给另一个指针变量。

```
int a,*p,*q;
p=&a;
q=p;                    /*将指针 p 中存放的地址值赋给指针 q*/
```

(3) 将数组的首地址或某个数组元素的地址赋给指针。

```
int a[10],*p,*q;
p=a;                    /*把数组的首地址赋给指针 p*/
q=&a[5];               /*把数组元素 a[5]的地址赋给指针 q*/
```

(4) 将一个整数同指针运算后，赋给另一个指针。

```
int *p=NULL,*q=NULL;
int a[10];
p=&a[0];               /*把数组元素 a[0]的地址即数组首地址赋给指针 p*/
q=p+5;                 /*相当于 q=&a[5];*/
```

8.4　指针与一维数组和字符串

8.4.1　指针与一维数组

在 C 语言中，使用指针最多的数据类型是数组，数组和指针有着密切的内在关系。二者都可以方便地处理内存中有序存放的一组数据。在指针的算术运算中，指针和数组的关系通过图 8.8 已经看得很清楚了。

对于一个数组，如 int a[5];，每一个元素 a[0],a[1],…,a[4]的读取可以使用下标法，也可以将指针和数组关联上，使用指针来引用每个数组元素，只要在指针前面加个指针运算符"*"，就可以表示每个数组元素了。例如：

```
int a[5]={1,2,3,4,5};
int *p;
p=a;
```

此时就把数组 a 和指针 p 连在一起了。

📑 **说明：**

- 因为 p 和 a 都表示数组 a 的首地址，所以可用*(p+i)来引用数组中的第 i 个元素。此时 a[i]和*(p+i)是等价的。
- 程序在编译时，计算机对 a[i]处理时会自动转化成*(a+i)的形式来处理，也就是把数组名当成一个指针来处理，所以数组名 a 本身就是指针常量。
- 既然指针 a 可以表示成数组形式 a[i]，则指针 p 也可以表示成数组形式 p[i]来表示数组的第 i 个元素。

综上所述：&a[i]、a+i 和 p+i 是等价的，a[i]、*(a+i)、*(p+i)和 p[i]是等价的。

💡 **注意：** 数组名 a 和指针变量 p 是有区别的。虽然数组名 a 可作为指针使用，但它不能用 a++或 a--去指向下一个元素或上一个元素。因为 a 是数组的首地址，是地址常量而不是变量，而指针变量 p 在其中存放的地址值是可变的。

例 8.6 求数组元素之和。

【代码】

```
#include <stdio.h>
int main()
{
    int a[]={1,2,3,4,5,6,7,8,9,10};
    int *p,i,n,sum1,sum2,sum3,sum4,sum5;
    p=a;
    n=sizeof(a)/sizeof(int);        /*sizeof 返回变量或数据类型所占空间大小*/
    /* 数组下标法：a[i] */
    sum1=0;
    for(i=0;i<n;i++)
    {
        sum1+=a[i];
    }
    printf("1.引用 a[i]求和：%d\n",sum1);
    /* 指针法一：*p++ */
    sum2=0;
    for(i=0;i<n;i++)
    {
        sum2+=*p++;          /*"*"和"++"运算符优先级相同，结合方向是从右向左*/
```

```
    }
    printf("2.引用*p++求和：%d\n",sum2);
    /* 指针法二：*(p+i) */
    sum3=0;
    p=a;
    for(i=0;i<n;i++)
    {
        sum3+=*(p+i);
    }
    printf("3.引用*(p+i)求和：%d\n",sum3);
    /* 指针名代替数组名：p[i] */
    sum4=0;
    for(i=0;i<n;i++)
    {
        sum4+=p[i];
    }
    printf("4.引用p[i]求和：%d\n",sum4);
    /* 数组名作为指针：*(a+i) */
    sum5=0;
    for(i=0;i<n;i++)
    {
        sum5+=*(a+i);
    }
    printf("5.引用*(a+i)求和：%d\n",sum5);
    return 0;
}
```

【运行结果】

```
1.引用a[i]求和：55
2.引用*p++求和：55
3.引用*(p+i)求和：55
4.引用p[i]求和：55
5.引用*(a+i)求和：55
```

💡 注意：

● 从输出结果可以看出，上述 5 种数组元素引用的方法是等价的。

● 该例中，p=a;语句把 a 的首地址赋给了 p。根据实际需要可以将任意数组元素的首地址赋给指针变量 p。

● 指针方法一执行的效率是最高的，其余 4 种方法的效率是一样的。因为系统编译时，省去了将 a[i]、p[i]转化为*(a+i)、*(p+i)的过程，而是直接用指针的自增或自减来访问数组元素。但是该方法不直观，不能看出本次循环引用的是第几个数组元素。

● 指针方法二中，先执行 p=a;语句，因为前一种方法使用了*p++，当 for 循环结束时，指针 p 指向了数组尾部。若直接进入指针方法二，引用*(p+i)时已经超出了数组的范围，产生越界，程序会报错。因此使用指针时一定要注意指针当前值的设置。

● 上述 5 种方法中，for 循环的循环变量使用的都是数组下标，而使用指针变量作为循环变量也可，如下例所示。

例 8.7 使用指针变量自身值的改变输出数组中元素值。

【代码】

```
#include <stdio.h>
int main()
{
    int *p;
    int a[]={5,4,3,2,1};
    printf("数组元素的正序输出:\n");
    for( p=a; p<a+5; p++ )
    {
        printf("%-4d",*p);
    }
    printf("\n");
    printf("数组元素的倒序输出:\n");
    for(p=&a[4];p>=a;p--)
    {
        printf("%-4d",*p);
    }
    printf("\n");
    return 0;
}
```

【运行结果】

```
数组元素的正序输出:
5   4   3   2   1
数组元素的倒序输出:
1   2   3   4   5
```

注意：

● 使用指针变量 p 作为循环变量，在 for 循环的表达式 1 中，将 p 的初始值设为 a，即数组 a 的首地址；在表达式 2 中，通过 p++ 改变 p 中的地址值，实现指针 p 指向不同的数组元素。

● 因为 a+5 等价于 &a[5]，是固定不变的值，在条件表达式中将 p 与其进行比较，实现循环的控制。

● %-4d 代表输出数据占 4 位，并且左对齐。

8.4.2 指针与字符串

字符串在 C 语言中是通过一维字符数组来存储的。根据指针表示法和数组表示法的等价性，可以使用指向字符数组的指针变量来实现字符串的操作。

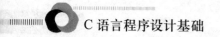

1. 指针表示字符串的初始化和赋值

```
char s[]="hello world!";
char *p=s;
```

此时定义了一个指向字符串 s 的指针 p，p 中存放的是 s 的首地址。

每当定义一个字符串时，C 语言编译系统就自动产生一个指向该字符串的指针。在程序中可以通过字符指针来处理字符串，而不必使用字符数组。例如：

```
char *p="hello world!";
```

此时定义了一个指向字符串"hello world!"的指针 p，p 中存放的是该字符串的首地址。

💡 **注意：** 字符数组不能整体赋值，而指针可以整体赋值。

```
char s[15];
s="hello world!";              /*错误*/
```

这种方法是错误的，可以通过循环对数组 s 的每个数组元素赋值。

```
char *p;
p="hello world!";              /*正确*/
```

这种方法是正确的。

2. 指针表示字符串的输入和输出

1) 字符串的输入

```
char s[15],*p;
p=s;
scanf("%s",p);                 /*等同于 scanf("%s",s)*/
```

最后的语句表示：把字符串存放在 p 指向的存储空间内，而这个空间已经被 s 预定。

💡 **注意：** 下面的写法是错误的。

```
char *p;
scanf("%s",p);
```

因为指针变量 p 仅是一个 4 字节的空间，它用来存放的是字符串的首地址，而没有向系统为字符串申请存储空间。而且 p 内的初始地址值是随机的，可能指向已经被使用的内存区域，若以它为首地址，存储键盘输入的字符串，则可能销毁掉已存在的有用数据。

2) 字符串的输出
若定义：

```
char *p="hello world!";
```

(1) 输出整个字符串：

```
printf("%s",p);                /*输出为: hello world! */
```

从该字符串的首地址开始输出,直至遇到字符串的结束标识符'\0'为止。

(2)　输出从'w'开始的字符串:

```
printf("%s",p+6);                /*输出为: world! */
```

从该字符串的 p+6 地址开始输出,直到遇到字符串的结束标识符'\0'为止。用输出格式控制符 "%s" 就可以输出任意字符串。

(3)　输出该字符串中的某个字符:

```
printf("%c,%c,%c",*p,*(p+4),*(p+10));              /*输出为h,o,d*/
```

要输出某个字符,只要找到地址,用格式控制符 "%c" 就可输出任意字符。

例 8.8　字符串的输入、输出以及字符的输出。

【代码】

```
#include <stdio.h>
int main()
{
    char s[50],*p;
    p=s;
    scanf("%s",p);
    printf("%s\n",p);
    printf("%s\n",p+5);
    while(*p!='\0')
    {
        printf("%c",*p++);
    }
    printf("\n");
    while(*p!='D')
    {
        printf("%c",*--p);
    }
    printf("\n");
    return 0;
}
```

【运行结果】

```
DLUFLSoftware✓
DLUFLSoftware
Software
DLUFLSoftware
erawtfoSLFULD
```

📖 说明:

● 　p 存储字符数组 s 的首地址,p+5 代表数组元素 s[5]的地址。

● 　通过*p!='\0'来判断指针是否指向了字符串的尾部。

● 　通过 p++使指针 p 依次存储数组 s 每一个数组元素的地址。

- *p++先间接访问指针 p 所指向数组元素的值，再修改 p 所存储的地址。
- *--p 先修改 p 所存储的地址，再间接访问指针 p 所指向数组元素的值。

例 8.9 使用指针实现字符串的复制。

【代码】

```
#include <stdio.h>
int main()
{
    char a[20]="hello C language";
    char b[20]="welcome";
    char *pa,*pb;
    pa=a;
    pb=b;
    printf("%s,%s\n",pa,pb);            //①
    while(*pa++=*pb++);
    printf("%s,%s\n",a,b);              //②
    printf("%s\n",pa);                  //③
    return 0;
}
```

【运行结果】

```
hello C language,welcome
welcome,welcome
language
```

说明：

- 语句①中，使用指针 pa 和 pb 作为函数 printf 的实参，依次输出字符，直至遇到 '\0'为止。
- while 循环的条件表达式中，将数组 b 的元素值依次赋给数组 a。当 pb 指向 b 字符串的尾部'\0'时，循环结束。
- 此例子中，while 循环没有循环体语句，使用 ";" 表示循环的结束，不可省略。
- 语句②中，使用数组名 a、b 作为函数 printf 的实参，依次输出字符，直至遇到'\0'为止。
- 因为此时 pb 已经指向 b 字符串的串尾，而 pa 指向 a 字符串的'l'字符。所以语句③的结果是 "language"，内存图如图 8.9 所示。

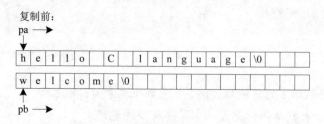

图 8.9　程序内存图

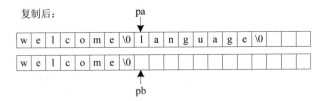

复制后:

图 8.9 程序内存图(续)

8.5 指针与二维数组

二维数组使用指针(也就是用地址)来间接引用数组元素的地址和数组元素的值要比一维数组复杂，但使用指针会使程序更灵活、高效。

C 语言把二维数组看成是一维数组的集合：它的元素又是一个一维数组。例如，二维数组：

```
int a[2][3]={1,2,3,4,5,6};
```

假设数组 a 在内存中的首地址为 1000，则程序内存图如图 8.10 所示。

	a[0] a[0][0]	a[0]+1 a[0][1]	a[0]+2 a[0][2]
a → a[0] → 1000	1	2	3
a+1 → a[1] → 1012	4	5	6
	a[1][0] a[1]	a[1][1] a[1]+1	a[1][2] a[1]+2

图 8.10 程序内存图

使用降维的观点，图 8.10 中二维数组 a 是一个一维数组：数组元素是 a[0]和 a[1]。a[0]所代表的一维数组是由 a[0][0]、a[0][1]、a[0][2]组成的。a[1]所代表的一维数组是由a[1][0]、a[1][1]、a[1][2]组成的。

例 8.10 二维数组地址和值的访问。

【代码】

```
#include <stdio.h>
int main()
{
    int a[2][3]={10,20,30,40,50,60};
    int i,j;
    printf("a[0][0]的地址为%x,%x,%x,%x,%x\n",a,a[0],&a[0],&a[0][0],*a);
    for(i=0;i<2;i++)
    {
        printf("第%d 行的首地址为%x,%x,%x,%x\n",
               i+1,a[i],&a[i],&a[i][0],*(a+i));
    }
    for(i=0;i<2;i++)
```

```
    {
        for(j=0;j<3;j++)
        {
            printf("元素%d 的地址为%x,%x,%x\n",
                    a[i][j],a[i]+j,&a[i][j],*(a+i)+j);
        }
    }
    for(i=0;i<2;i++)
    {
        for(j=0;j<3;j++)
        {
            printf("%d,%d,%d,%d\n",
                    a[i][j],*(a[i]+j),*(&a[i][j]),*(*(a+i)+j));
        }
    }
    return 0;
}
```

【运行结果】

```
a[0][0]的地址为18ff30,18ff30,18ff30,18ff30,18ff30
第 1 行的首地址为18ff30,18ff30,18ff30,18ff30
第 2 行的首地址为18ff3c,18ff3c,18ff3c,18ff3c
元素 10 的地址为18ff30,18ff30,18ff30
元素 20 的地址为18ff34,18ff34,18ff34
元素 30 的地址为18ff38,18ff38,18ff38
元素 40 的地址为18ff3c,18ff3c,18ff3c
元素 50 的地址为18ff40,18ff40,18ff40
元素 60 的地址为18ff44,18ff44,18ff44
10,10,10,10
20,20,20,20
30,30,30,30
40,40,40,40
50,50,50,50
60,60,60,60
```

📒 说明:

● a[0][0]元素地址。

① a 是二维数组的首地址, 而 a[0]是一维数组的首地址, 如图 8.10 所示, 它们表示相同的内存地址, 都是 1000, 所以 a 和 a[0]等价。

② 根据降维观点, a 是一维数组, a[0]和 a[1]是它的元素, 所以 a=&a[0]。

③ a[0]是一维数组的名字。它有 3 个元素, 所以 a[0]=&a[0][0]。

④ 根据降维观点, a 是一维数组, a[i]和*(a+i)等价, 当 i=0 时, a[0]=*(a+0)=*a。

综上所述, a[0][0]元素的地址可表示为: a、a[0]、&a[0]、&a[0][0]和*a。

● 第 i 行首地址。

可用 a[i]、&a[i]、&a[i][0]和*(a+i)表示。

- a[i][j]元素地址。

  是第 i 行首地址的列偏移量，即

  可用 a[i]+j、&a[i][j]和*(a+i)+j 表示。

- a[i][j]元素值。

  对该元素的地址进行指针运算 "*"：

  可用 a[i][j]、*(a[i]+j)、*(&a[i][j])和*(*(a+i)+j)表示。

8.5.1　指向二维数组元素*p 的使用

定义指针变量指向二维数组的某个数据元素，用法如下：

```
int a[2][3],*p;
p=a[0];
```

此时 p 指向一维数组 a[0]的地址。对其进行加法操作时 p+1 等价于 a[0]+1，当 p+3 时等价于 a[1]。

💡 **注意：**　虽然 a、a[0]、&a[0]、&a[0][0]是等价的，但 p=a[0];语句只能换成 p=&a[0][0];，而不能换成 p=a;或 p=&a[0];。

例 8.11　使用指针实现二维数组 a[2][3]的输出。

【代码】

```
#include <stdio.h>
int main()
{
    int a[2][3],*p,i,j;
    for(i=0;i<2;i++)
    {
        for(j=0;j<3;j++)
        {
            scanf("%d",&a[i][j]);
        }
    }
    p=a[0];                          //①
    for(;p<=&a[1][2];p++)
    {
        printf("%-2d",*p);
    }
    printf("\n");
    return 0;
}
```

【运行结果】

```
1 2 3 4 5 6↙
1 2 3 4 5 6
```

📇 说明：

- 因为二维数组 a 可以看成是由 a[0]和 a[1]组成一维数组，指针 p 指向了 a[0]的首地址，也就是 a[0][0]的地址。
- p++使指针 p 依次指向数组元素 a[0][1]、a[0][2]、a[1][0]、a[1][1]、a[1][2]，使用 *p 对每个数组元素进行引用。
- 代码①如果换成 p=a;或 p=&a[0];，编译器会出现'int *' differs in levels of indirection from 'int (*)[3]'的警告。

8.5.2 指向二维数组中一维数组(*p)[N]的使用

(*p)[N]称为指向一维数组的指针变量。二维数组中每一个一维数组由 N 个元素组成，即二维数组的第二维长度。

```
int a[2][3]={1,2,3,4,5,6};
int (*p)[3];
p=a;
```

如图 8.11 所示，当 p=a 时，把 a 的首地址赋予了 p。指针 p 指向了一维数组 a[0]，而 a[0]是由 N(N=3)个元素组成的。当 p++时，p 指向 a[1]这个一维数组，即指针是在二维数组的行间进行移动的，简称为**行指针变量**。

p, a → a[0] → 1000	1	2	3
p++ → a[1] → 1012	4	5	6

图 8.11 程序内存图

例 8.12 (*p)[N]的使用示例。

【代码】

```
#include <stdio.h>
int main()
{
    int a[][3]={1,2,3,4,5,6};
    int (*p)[3];
    int i,j,sum;
    p=a;
    /* 用数组名 */
    sum=0;
    for(i=0;i<2;i++)
    {
        for(j=0;j<3;j++)
        {
            printf("%-2d",*(*(a+i)+j));
            sum+=*(*(a+i)+j);
        }
```

```
    }
    printf("%d\n",sum);
    /* 用指针名 */
    sum=0;
    for(i=0;i<2;i++)
    {
        for(j=0;j<3;j++)
        {
            printf("%-2d",*(*(p+i)+j));
            sum+=*(*(p+i)+j);
        }
    }
    printf("%d\n",sum);
    /* 用 p++ */
    sum=0;
    for(i=0;i<2;i++,p++)
    {
        for(j=0;j<3;j++)
        {
            printf("%-2d",*(*p+j));
            sum+=*(*p+j);
        }
    }
    printf("%d\n",sum);
    return 0;
}
```

【运行结果】

```
1 2 3 4 5 6 21
1 2 3 4 5 6 21
1 2 3 4 5 6 21
```

📇 说明：

● 用 p++进行输出时，指针 p 在循环后指向下一行，在行间移动。其中*p 是当前行
的首地址，加上 j，是在该行上进行地址偏移*p+j，然后求其地址目标值*(*p+j)。

● 行指针(*p)[N]的特点是：每行元素 N 是固定的，在行间移动时 p++移动的地址偏
移量是：N×每个元素所占的字节数。

● 使用指针指向二维数组中一维数组(*p)[N]的小括号是不能省略的；否则会变成指
针数组。

8.5.3　指针数组*p[ ]的使用

*p[M]称为**指针数组**，还可以写成*(p[M])，表明这是具有 M 个元素的指针数组，每个
数组元素都是一个指针，共有 M 个指针。

例 8.13　*p[M]的使用示例。

【代码】

```c
#include <stdio.h>
int main()
{
    char *city[]={"Beijing","Shanghai","Guangzhou","Dalian"};  //①
    int i;
    for(i=0;i<4;i++)
    {
        printf("%s ",city[i]);                                  //②
    }
    printf("\n");
    for(i=0;i<4;i++)
    {
        while(*city[i]!='\0')
        {
            printf("%c",*(city[i]++));                          //③
        }
        printf(" ");
    }
    printf("\n");
    return 0;
}
```

【运行结果】

```
Beijing Shanghai Guangzhou Dalian
Beijing Shanghai Guangzhou Dalian
```

说明：

在定义指针数组的同时进行了初始化，分别把每个字符串的首地址存放到指针数组中。假设从地址 2000 开始存储字符串，如图 8.12 所示，city 是一个 char 型的指针数组，每个数组元素都存放了一个字符串的首地址。

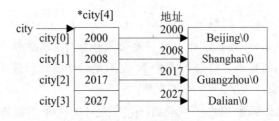

图 8.12　程序内存图

代码①对应代码，也可定义如下：

```c
char c[4][10]={"Beijing","Shanghai","Guangzhou","Dalian"};
char *city[4];
city[0]=c[0];
city[1]=c[1];
city[2]=c[2];
city[3]=c[3];
```

后 5 行可以简化为:

```
char *city[]={c[0],c[1],c[2],c[3]};
```

这样定义虽然直观,但应用起来比较麻烦。

- 代码②输出语句用%s 打印字符串,用 city[i]做参数,给出每个字符串的首地址。
- 代码③输出语句用%c 打印字符串,在 while 循环中,每个指针自增(++),是在该行的列间移动,直至遇到'\0'为止。

8.5.4　复合指针**p 的使用

如果在一个指针变量中存放的是一个目标变量的地址,称为**单级间址**。如果在一个指针变量中存放的是指向目标变量地址的指针变量的地址,就称为**二级间址**。

指向指针的指针属于二级间址,定义形式如下:

```
类型名 ** 指针变量名;
```

例 8.14　复合指针**p 的使用。

【代码】

```
#include <stdio.h>
int main()
{
    char *sport[]={"Football","Basketball","Volleyball","Baseball"};
    int i;
    char **p;
    p=sport;
    for(i=0;i<4;i++,p++)
    {
        printf("%s,%c\n",*p,**p);
    }
}
```

【运行结果】

```
Football,F
Basketball,B
Volleyball,V
Baseball,B
```

📑 说明:

- 假设 p 的初值为 1000,*p 的值为 2000,程序内存图如图 8.13 所示。

  ```
  当 i=0 时, p=1000, *p=2000, (%s)*p: Football, (%c)**p: F。
  当 i=1 时, p=1004, *p=2009, (%s)*p: Basketball, (%c)**p: B。
  当 i=2 时, p=1008, *p=2020, (%s)*p: Volleyball, (%c)**p: V。
  当 i=3 时, p=1012, *p=2031, (%s)*p: Baseball, (%c)**p: B。
  ```

- p++使指针在行间移动。

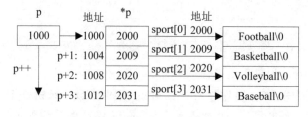

图 8.13 程序内存图

8.6 指针与函数

在 C 语言中指针和函数的关系主要体现在以下 3 个方面。

① 指针可以作为函数的参数，起到传递变量地址的作用。

② 函数的返回值是指针类型。

③ 指向函数的指针，利用函数的指针把函数的地址传递给其他函数。

8.6.1 指针变量作为函数参数

函数的参数不仅可以是 char、int、float、double 等基本数据类型，还可以是指针类型的变量。当指针变量作为函数的参数时，是将实参变量所指向存储空间的地址传递给形参变量。此时形参获取了实参传递过来的地址，也就是形参和实参指向了同一个地址空间，所以当形参指向的变量发生变化时，实参指向的变量也随之变化。

例 8.15 用基本数据类型和指针类型变量作为函数的参数。

【代码】

```c
#include <stdio.h>
int add(int,int);
int sub(int,int);
void fun(int,int,int *,int *);
int main()
{
    int a,b,s1,s2,s3,s4;
    a=4;
    b=3;
    s1=add(a,b);
    s2=sub(a,b);
    printf("s1=%d,s2=%d\n",s1,s2);
    fun(a,b,&s3,&s4);
    printf("s3=%d,s4=%d\n",s3,s4);
    return 0;
}
int add(int x,int y)
{
    return x+y;
}
int sub(int x,int y)
```

```
{
    return x-y;
}
void fun(int x,int y,int *p1, int *p2)
{
    *p1=x+y;
    *p2=x-y;
}
```

【运行结果】

```
s1=7,s2=1
s3=7,s4=1
```

📖 说明：

● 普通变量作为形参时，用两个自定义函数 add 和 sub 来实现加法和减法运算，每个函数只能有一个返回值。而用指针(地址)作为形参时，通过参数可以返回多个值，自定义函数 fun 的指针参数 p1 和 p2 中存放的是变量 s3 和 s4 的地址，变量 x 和 y 的加法和减法的结果存放到 main 函数的变量 s3 和 s4 中。程序内存图如图 8.14 所示。

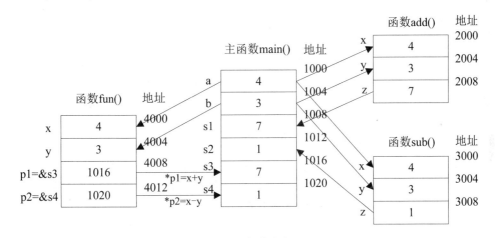

图 8.14　程序内存图

● 形参中的变量都是局部变量，只有函数被调用时才给形参分配空间，并将实参的值复制过去，执行完被调用的函数后，形参的空间被系统自动收回。

例 8.16　用指针做参数实现数据的交换。

【代码】

```
#include <stdio.h>
void swap1(int *,int *);
void swap2(int *,int *);
int main()
{
    int a,b,*p1,*p2,*p3,*p4;
```

```
    p1=p3=&a;
    p2=p4=&b;
    a=3;
    b=4;
    swap1(p1,p2);
    printf("a=%d,b=%d\n",a,b);
    swap2(p3,p4);
    printf("a=%d,b=%d\n",a,b);
    return 0;
}
void swap1(int *p,int *q)
{
    int *temp;
    temp=p;                                    //①
    p=q;                                       //②
    q=temp;                                    //③
}
void swap2(int *p,int *q)
{
    int temp;
    temp=*p;                                   //④
    *p=*q;                                     //⑤
    *q=temp;                                   //⑥
}
```

【运行结果】

```
a=3,b=4
a=4,b=3
```

说明：

- 在自定义函数 swap1 中，temp 是一个指针类型变量，交换的是指针 p 和指针 q 里面存放的地址值，而主函数中的 a 和 b 没有进行交换，如图 8.15 所示。
- 在自定义函数 swap2 中，temp 是一个整型变量，交换的是指针 p 和指针 q 指向的地址中存放的值，主函数中的 a 和 b 进行了交换，如图 8.15 所示。

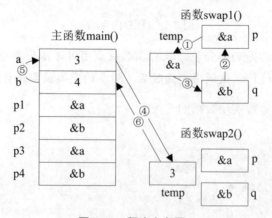

图 8.15 程序内存图

8.6.2　指向数组的指针作为函数参数

函数的形参可以是数组类型。在函数调用时，把实参数组的首地址传递给形参数组，使得实参和形参共同作用于同一段内存空间，所以形参数组中元素值的变化会使实参数组的元素值同时变化。

数组名表示数组的首地址，也是第一个元素的地址。令一个指针变量指向数组的第一个元素，或者等于数组名，此时数组名和指针变量的含义相同，都表示数组的首地址。所以在函数中地址的传递可以使用数组名和指针变量。

即形参和实参使用数组名和指针变量都可以，以下列出实参和形参使用数组名或指针变量的 4 种情况。

例 8.17　求数组中元素的平均值，使用 4 种实参、形参方式对应传值。

【代码】

```
#include <stdio.h>
float average1(int b[],int n);
float average2(int *,int n);
int main()
{
    float aver1,aver2,aver3,aver4;
    int i,a[100];
    int *pa=a;
    for(i=0;i<100;i++)
    {
        a[i]=i+1;
    }
    aver1=average1(a,100);                    //①
    printf("aver1=%.1f\n",aver1);
    aver2=average2(a,100);                    //②
    printf("aver2=%.1f\n",aver2);
    aver3=average1(pa,100);                   //③
    printf("aver3=%.1f\n",aver3);
    aver4=average2(pa,100);                   //④
    printf("aver4=%.1f\n",aver4);
    return 0;
}
float average1(int b[100],int n)
{
    int i,sum;
    sum=0;
    for(i=0;i<n;i++)
    {
```

```
        sum+=b[i];
    }
    return (float)sum/n;
}
float average2(int *p,int n)
{
    int i,sum;
    sum=0;
    for(i=0;i<n;i++,p++)
    {
        sum+=*p;
    }
    return (float)sum/n;
}
```

【运行结果】

```
aver1=50.5
aver2=50.5
aver3=50.5
aver4=50.5
```

说明：

- 代码①调用函数 average1 时，实参是数组，形参是数组。
- 代码②调用函数 average2 时，实参是数组，形参是指针。
- 代码③调用函数 average1 时，实参是指针，形参是数组。
- 代码④调用函数 average2 时，实参是指针，形参是指针。

例 8.18 求数组中元素的最大值和最小值。

【代码】

```
#include <stdio.h>
#define NUM 8
void max_min(int *,int *,int *,int);
int main()
{
    int a[NUM],max,min,*p,*pmax=&max,*pmin=&min,i;
    p=a;
    printf("请输入数组元素：\n");
    for(i=0;i<NUM;i++)
    {
        scanf("%d",p++);
    }
    p=a;
    max_min(p,pmax,pmin,NUM);
    printf("max=%d,min=%d\n",max,min);
    return 0;
}
void max_min(int *q,int *qmax,int *qmin,int n)
{
    int i;
```

```
    *qmax=*qmin=*q;
    for(i=0;i<n;i++,q++)
    {
        if(*q>*qmax)
        {
            *qmax=*q;
        }
        if(*q<*qmin)
        {
            *qmin=*q;
        }
    }
}
```

【运行结果】

```
请输入数组元素:
12 32 -4 55 88 1 67 43✓
max=88,min=-4
```

📑 说明:

- 使用#define 宏定义命令,定义名为 NUM 的宏,值为 8,便于程序修改和提高运行效率。

- 在主函数中,使指针 p 指向数组 a 的首地址;在 for 循环中,用 p++来移动指针,依次给数组元素赋值。

- 在自定义函数中,初始时假设 a[0]是数组的最大值和最小值,如图 8.16 所示。通过 for 循环,移动指针 q,依次将 q 指向的数组元素和 qmax、qmin 指针所指向变量的值进行比较。如果*q>*qmax,则指针 qmax 所指向的变量 max 中存放 q 当前所指向的数组元素的值;如果*q<*min,则指针 qmin 所指向的变量 min 中存放 q 当前所指向数组元素的值。

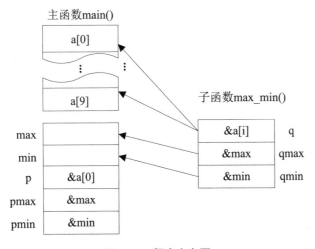

图 8.16 程序内存图

● 因为实参和形参都是指针变量，所以实参和形参都是指向相同的内存单元，也就是说，实参和形参值的变化是相互影响的。

例 8.19   指向数组元素的指针变量作为函数参数，计算数组中某几个连续元素之和。

【代码】

```c
#include <stdio.h>
int sum(int *,int);
int main()
{
    int m,n,a[10]={1,2,3,4,5,6,7,8,9,10};
    int *p;
    printf("请输入 m 和 n 的值(1<=m<n<=10):\n");
    scanf("m=%d,n=%d",&m,&n);
    if(m>=1&&m<n&&n<=10)
    {
        p=a+m-1;
        printf("%d\n",sum(p,n-m+1));
    }
    else
    {
        printf("%d 或%d 的值非法!\n",m,n);
    }
    return 0;
}
int sum(int *q,int n)
{
    int i,sum=0;
    for(i=0;i<n;i++,q++)
    {
        sum+=*q;
    }
    return sum;
}
```

【运行结果】

```
请输入 m 和 n 的值(1<=m<n<=10):
m=3,n=8✓
33
```

说明：

● 主函数 if 语句的条件表达式使用两个 "&&" 运算，判断 m 和 n 的值是否合法。
● p=a+m-1，表示指针 p 指向了数组元素 a[m-1]。
● 函数调用 sum(p,n-m+1)中的 p 可以写成&a[m-1]。

8.6.3   指针类型函数

函数的返回值可以是 int、float、char 和 double 等简单类型，也可以是指针型。

返回值为指针型数据的函数定义如下:

类型名 * 函数名(形参列表);

指针类型函数与其他函数区别仅在于函数名前加上 "*", 此 "*" 仅是一个标识,说明函数返回值是数据变量的地址。

例如:

```
int * fun1();          /*fun1 的返回值为指向 int 型数据的指针*/
char * fun2();         /*fun2 的返回值为指向 char 型数据的指针*/
float * fun3();        /*fun3 的返回值为指向 float 型数据的指针*/
double * fun4();       /*fun4 的返回值为指向 double 型数据的指针*/
```

例 8.20 返回值为指针的函数示例。

【代码】

```
#include <stdio.h>
int *min(int *,int *);
int main()
{
    int a,b,*p;
    printf("请输入 a 和 b 的值: \n");
    scanf("%d,%d",&a,&b);
    p=min(&a,&b);
    printf("the min value of %d and %d is %d.\n",a,b,*p);
    return 0;
}
int *min(int *x,int *y)
{
    int *q;
    if(*x<*y)
    {
        q=x;
    }
    else
    {
        q=y;
    }
    return q;
}
```

【运行结果】

```
请输入 a 和 b 的值:
4,3✓
the min value of 4 and 3 is 3.
```

说明:

● 自定义函数中的返回值是一个指针类型变量 q, q 中存放的是主函数中 a 和 b 最小值的地址,如图 8.17 所示。

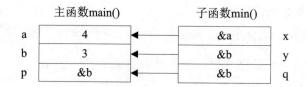

图 8.17　程序内存图

● 自定义函数中*x 与*y 的比较，其实是主函数中变量 a 和 b 的间接比较。

8.6.4　指向函数的指针

自定义函数作为一段程序，在内存中也要占据一片存储区域，函数编译时被分配一个入口地址，函数名就是入口地址。可以定义一个函数指针去存放这个入口地址，以前调用函数都是使用函数名，现在还可以使用该函数的指针进行调用。

1. 函数指针的定义

其语法格式如下：

```
数据类型 (*指针变量名)( );
```

例如：

```
int (*p)();
```

参数说明如下。

● p：指向函数的指针。占 4 字节，存放函数的入口地址。
● int：表示所指向的函数其返回值是整型。
● 函数指针中"*p"的小括号不能丢。
● p++、p--对于函数指针没有意义。

2. 函数指针的赋值

其语法格式如下：

```
指针变量名=函数名;
```

将函数的首地址存放到指针变量中。

3. 指向函数的指针引用

其语法格式如下：

```
(* 指针变量名)(实参列表);
```

例 8.21　通过指针调用函数示例。
【代码】

```
#include <stdio.h>
int add(int,int);
```

```
int sub(int,int);
int main()
{
    int a,b;
    int (*p)();
    a=3;
    b=4;
    p=add;
    printf("%d\n",(*p)(a,b));
    p=sub;
    printf("%d\n",(*p)(a,b));
    return 0;
}
int add(int x,int y)
{
    return x+y ;
}
int sub(int x,int y)
{
    return x-y;
}
```

【运行结果】

```
7
-1
```

📖 说明：

- 函数指针不同于函数名，指针是变量，它可以指向不同的函数；而函数名只能代表该函数的首地址，和数组名一样不可修改。
- 通过指针实现函数的调用，可以实现函数的匿名调用。

8.6.5　main 函数中的参数

1．系统命令名和参数列表

例如，在操作系统提示符状态下，要复制一个文件的命令如下：

```
C:\>copy file1.c file2.c
```

其中 copy 是命令，实际上就是一个可执行的.exe 文件的名字，file1.c 和 file2.c 是执行命令时需要的两个参数。

命令行的格式如下：

命令名 参数 1 参数 2 参数 3 … 参数 n

命令名与参数之间以及参数与参数之间要用**空格**分开。

因为用 C 语言编写程序时，编译和链接后将生成一个可执行文件，所以该文件可以在操作系统中作为外部命令被执行。

2. 主函数的参数

作为程序入口的主函数 main 也是有形参的。它有两个形参，通常用 argc 和 argv 表示。表示形式如下：

```
int main(int argc,char *argv[]);
```

其中的参数说明如下。

● argc：是命令行参数的个数，其中包括命令本身。argc 是整型，因为至少包含该命令名，所以 argc 最小值是 1。

● argv：是一个指针数组。每个指针指向一个命令行参数。其中 argv[0]永远存放命令名。[]是空的，表示命令行的参数个数是可变的。

对于 copy file1.c file2.c 命令，系统分配的内存图如图 8.18 所示。

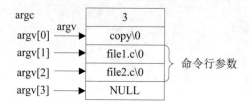

图 8.18　系统内存图

系统自动在参数后面填上 NULL。argc 自动计算 argv 数组元素的个数。

例 8.22　命令行参数示例。

【代码】

```
#include <stdio.h>
int main(int argc,char* argv[])
{
    int i;
    printf("argc=%d\n",argc);
    printf("执行文件的名字是: %s\n",argv[0]);
    for(i=1;i<argc;i++)
    {
        printf("参数%d:%s\n",i,argv[i]);
    }
    return 0;
}
```

如果该文件名为 822.c，则经过编译和链接后会生成一个名为 822.exe 的可执行文件。在系统控制台中进入该文件所在路径。

【运行结果】

```
E:\Book\C 语言\Code\8\822\Debug>822 Shenyang Dalian Fushun Anshan✓
argc=5
执行文件的名字是: 822
参数 1: Shenyang
参数 2: Dalian
```

参数 3：Fushun
参数 4：Anshan

习　题　8

一、单项选择题

1. 变量的指针，其含义是指该变量的(　　)。

    A. 值　　　　　　　B. 地址　　　　　　C. 名　　　　　　D. 一个标志

2. 若有语句 int *point,a=4;和 point=&a;，下面均代表地址的一组选项是(　　)。

    A. a,point,*&a　　　　　　　　　　B. &*a,&a,*point

    C. *&point,*point,&a　　　　　　　D. &a,&*point,point

3. 若有以下定义和语句：

```
int a=4,b=3,*p,*q,*w;
p=&a; q=&b; w=q; q=NULL;
```

    则以下选项中错误的语句是(　　)。

    A. *q=0;　　　B. w=p;　　　C. *p=&a;　　　D. *q=*w;

4. 有以下程序段：

```
int *p,a=10,b=1;
p=&a; a=*p+b;
```

    执行该程序段后，a 的值为(　　)。

    A. 12　　　　B. 11　　　　C. 10　　　　D. 编译出错

5. 设 int x;，则经过(　　)后，语句*px=0;可将 x 值置为 0。

    A. int * px;　　B. int * px=&x;　　C. float * px;　　D. float * px=&x;

6. 若有以下语句：int *p1,*p2;，则其中 int 所指的是(　　)。

    A. p1 的类型　　　　　　　　　　B. *p1 和*p2 的类型

    C. p2 的类型　　　　　　　　　　D. p1 和 p2 所能指向变量的类型

7. 有以下语句 int a=10,b=20,*p1,*p2; p1=&a; p2=&b;，如图 1 所示；若实现图 2 所示的存储结构，可选用的赋值语句是(　　)。

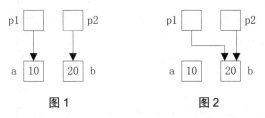

图 1　　　　　　图 2

    A. *p1=*p2;　　B. p1=p2;　　C. p1=*p2;　　D. *p1=p2;

8. 若有说明：int i,j,*p=&i;，则下面语句中与 i=j;等价的语句是(　　)。

A. *p=*&j   B. i=*p   C. i=&j   D. i=**p

9. 已有定义 int k=2, *ptr1,*ptr2;，且 ptr1 和 ptr2 均指向同一个变量 k，下面执行不正确的赋值语句是(　　)。

A. k=*ptr1+*ptr2;   B. ptr2=k;

C. k=*ptr1*(*ptr2);   D. ptr1=ptr2;

10. 指向同一个数组的两个指针变量之间，不能进行的运算是(　　)。

A. <   B. =   C. +   D. −

11. 下面程序的执行结果是(　　)。

```
int main()
{
    int a[]={1,2,3,4,5,6};
    int *p;
    p=a;
    *(p+3)+=2;
    printf("%d,%d\n",*p,*(p+3));
    return 0;
}
```

A. 1,3   B. 1,6   C. 3,6   D. 1,4

12. 若有以下定义，则对 a 数组元素的正确引用是(　　)。

```
int a[5], *p=a;
```

A. *&a[5] B. a+2   C. *(p+5)   D. *(a+2)

13. 若有以下定义，则对 a 数组元素地址的正确引用是(　　)。

```
int a[5],*p=a;
```

A. p+5   B. *a+1   C. &a+1   D. &a[0]

14. 有以下程序：

```
int main()
{
    int x[8]={8,7,6,5,0,0},*s;
    s=x+3;
    printf("%d\n",s[2]);
    return 0;
}
```

执行后输出结果是(　　)。

A. 随机值 B. 0   C. 5   D. 6

15. 有以下说明：

```
int a[10]={1,2,3,4,5,6,7,8,9,10},*p=a;
```

则数值为 9 的表达式是(　　)。

A. *p+9   B. *(p+8)   C. *p+=9   D. p+8

16. 若已定义: int a[9],*p=a;，并在以后的语句中未改变 p 的值，则不能表示 a[1]地址的表达式是(　　)。

    A. p+1　　　　　　B. a+1　　　　　　C. a++　　　　　　D. ++p

17. 以下程序的输出结果是(　　)。

```
int main()
{
    char a[]={9,8,7,6,5,4,3,2,1,0},*p=a+5;
    printf("%d\n", *--p);
    return 0;
}
```

    A. 非法　　　　　B. a[4]的地址　　　　C. 3　　　　　　D. 5

18. 若有以下定义: int a[10],*p=a;，则*(p+3)表示的是(　　)。

    A. 元素 a[3]的地址　　　　　　　　B. 元素 a[3]的值

    C. 元素 a[4]的地址　　　　　　　　D. 元素 a[4]的值

19. 执行以下程序段后，m 的值是(　　)。

```
int a[]={7,4,6,3,10};
int m,k,*ptr; m=10;
ptr=&a[0];
for(k=0;k<5;k++)
    m=(*(ptr+k)<m)?*(ptr+k):m;
```

    A. 10　　　　　　B. 7　　　　　　C. 4　　　　　　D. 3

20. 下面程序的执行结果是(　　)。

```
int main( )
{
    int i;
    char *s="a\\\\\n";
    for(i=0; s[i]!='\0';i++)
        printf("%c",*(s+i));
    return 0;
}
```

    A. a　　　　　　B. a\　　　　　　C. a\\　　　　　　D. a\\\\

21. 设有下面的程序段: char s[10]="china"; char *p; p=s;，则下列叙述正确的是(　　)。

    A. s 和 p 完全相同

    B. 数组 s 中的内容和指针变量 p 中的内容相等

    C. s 数组长度和 p 所指向的字符串长度相等

    D. *p 与 s[0]相等

22. 下面程序段的运行结果是(　　)。

```
char str[]="ABC",*p=str;
printf("%s\n",p+1);
```

    A. 66　　　　　　B. BC　　　　　　C. 字符 B 的地址　　　D. 字符 B

23. 有以下程序:

```
int main()
{
    char str[]="xyz",*ps=str;
    while(*ps)
        ps++;
    for(ps--;ps-str>=0;ps--)
        puts(ps);
    return 0;
}
```

执行后输出的结果是(　　)。

A. yz<回车>xyz   B. z<回车>yz

C. z<回车>yz<回车>xyz   D. x<回车>xy<回车>xyz

24. 有以下程序:

```
int main()
{
    char s[]="ABCD", *p;
    for(p=s+1;*p!='\0';p++)
        printf("%s\n",p);
    return 0;
}
```

该程序的输出结果是(　　)。

A. ABCD	B. A	C. B	D. BCD
BCD	B	C	CD
CD	C	D	D
D	D		

25. 若有以下定义和语句, 则输出结果为(　　)。

```
char *sp="\t\b\\\0English\n";
printf("%d\n",strlen(sp));
```

A. 12   B. 3   C. 17   D. 13

26. 以下各语句或语句组中, 正确的操作是(　　)。

A. char s[5]="abcde";   B. char *s; gets(s);

C. char *s; s="abcde";   D. char s[5]; scanf("%s", &s);

27. 若有定义 int a[2][3];, 则对 a 数组的第 i 行第 j 列(假设 i、j 已正确说明并赋值)元素值的正确引用为(　　)。

A. *(*(a+i-1)+j-1)   B. (a+i-1)[j-1]   C. *(a+i+j-2)   D. *(a+i-1)+j-1

28. 若有定义: int a[2][3];, 则对 a 数组的第 i 行第 j 列(假设 i、j 已正确说明并赋值)元素地址的正确引用为(　　)。

A. *(a[i-1]+j-1)   B. (a+i-1)   C. *(a+j-1)   D. a[i-1]+j-1

29. 执行以下程序段后，m 的值为(   )。

```
int a[2][3]={1,2,3,4,5,6};
int m,*ptr;
ptr=&a[0][0];
m=(*ptr)*(*(ptr+2))*(*(ptr+4));
```

A. 15 　　　　　　 B. 48 　　　　　　 C. 24 　　　　　　 D. 无定值

30. 有以下程序：

```
int main()
{
    char ch[2][5]={"6937","8254"},*p[2];
    int i,j,s=0;
    for(i=0;i<2;i++)
        p[i]=ch[i];
    for(i=0;i<2;i++)
        for(j=0;p[i][j]>'\0';j+=2)
            s=10*s+p[i][j]-'0';
    printf("%d\n",s);
    return 0;
}
```

该程序的输出结果是(   )。

A. 69825 　　　　 B. 63825 　　　　 C. 6385 　　　　 D. 693825

31. 若有以下定义和语句：

```
int w[2][3],(*pw)[3];pw=w;
```

则对 w 数组元素的非法引用是(   )。

A. *(w[0]+2)　　　 B. *(pw+1)[2]　　 C. pw[0][0]　　　 D. *(pw[1]+2)

32. 以下程序的输出结果是(   )。

```
int a[2][3]={1,2,3,4,5,6},(*p)[3],i;
p=a;
for(i=0;i<3;i++)
    printf("%d",*(*(p+1)+i));
```

A. 输出不确定 　　 B. 3 4 5 　　　　 C. 2 3 4 　　　　 D. 4 5 6

33. 下面程序的执行结果是(   )。

```
int main()
{
    int a[][4]={1,3,5,7,9,11,13,15,17,19,21,23};
    int (*p)[4],i=1,j=2;
    p=a;
    printf("%d\n",*(*(p+i)+j));
    return 0;
}
```

A. 9 　　　　　　　 B. 11 　　　　　　 C. 13 　　　　　　 D. 17

34. 有以下程序:

```
int main()
{
    int a[][3]={{1,2,3},{4,5,0}},(*pa)[3],i;
    pa=a;
    for(i=0;i<3;i++)
        if(i<2)
            pa[1][i]=pa[1][i]-1;
        else
            pa[1][i]=1;
    printf("%d\n",a[0][1]+a[1][1]+a[1][2]);
    return 0;
}
```

执行后输出的结果是( )。

A. 7   B. 6   C. 8   D. 无确定值

35. 设有以下定义:

```
int a[4][3]={1,2,3,4,5,6,7,8,9,10,11,12};
int (*ptr)[3]=a,*p=a[0];
```

则下列能正确表示数组元素 a[1][2]的表达式是( )。

A. *((*ptr+1)[2])   B. *(*(p+5))   C. (*ptr+1)+2   D. *(*(a+1)+2)

36. 以下与 int *q[5];等价的定义语句是( )。

A. int q[5];   B. int *q;   C. int *(q[5]);   D. int (*q)[5];

37. 若有定义: int *p[4];, 则标识符 p( )。

A. 是一个指向整型变量的指针

B. 是一个指针数组名

C. 是一个指针, 它指向一个含有 4 个整型元素的一维数组

D. 说明不合法

38. 有以下程序:

```
int main()
{
    char *s[]={"one","two","three"},*p;
    p=s[1];
    printf("%c,%s\n",*(p+1),s[0]);
    return 0;
}
```

执行后输出结果是( )。

A. n,two   B. t,one   C. w,one   D. o,two

39. 以下程序的运行结果是( )。

```
int main(void)
{
```

```
int a[4][3]={ 1, 2, 3, 4, 5, 6, 7, 8, 9,10,11,12};
int *p[4],j;
for(j=0;j<4;j++)
    p[j]=a[j];
printf("%2d,%2d,%2d,%2d\n",*p[1],(*p)[1],p[3][2],*(p[3]+1));
return 0;
}
```

A. 4, 4, 9, 8   B. 程序出错   C. 4, 2,12,11   D. 1, 1, 7, 5

40. 若有以下定义和语句，则输出结果是(　　)。

```
int **pp,*p,a=10,b=20;
pp=&p; p=&a; p=&b;
printf("%d,%d\n",*p,**pp);
```

A. 10,20   B. 10,10   C. 20,10   D. 20,20

41. 以下程序的输出结果是(　　)。

```
int main()
{
    int a=5,*p1,**p2;
    p1=&a,p2=&p1;
    (*p1)++;
    printf("%d\n",**p2);
    return 0;
}
```

A. 5   B. 4   C. 6   D. 不确定

42. 下列程序的输出结果是(　　)。

```
int main()
{
    static int num[5]={2,4,6,8,10};
    int *n,**m;
    n=num;
    m=&n;
    printf("%d",*(n++));
    printf("%2d\n",**m);
    return 0;
}
```

A. 4　4   B. 2　2   C. 2　4   D. 4　6

43. 有以下程序:

```
int *f(int *x,int *y)
{
    if(*x<*y)
        return x;
    else
        return y;
}
```

```
int main()
{
    int a=7,b=8,*p,*q,*r;
    p=&a;
    q=&b;
    r=f(p,q);
    printf("%d,%d,%d\n",*p,*q,*r);
    return 0;
}
```

执行后输出结果是(　　)。

A. 7,8,8   B. 7,8,7   C. 8,7,7   D. 8,7,8

44. 设 void fl(int * m，long n); int a; long b;，则以下调用合法的是(　　)。

A. fl(a，b);   B. fl(&a，b);   C. fl(a，&b);   D. fl(&a，&b);

45. 有以下程序:

```
void fun(int *a,int i,int j)
{
    int t;
    if(i<j)
    {
        t=a[i];a[i]=a[j];a[j]=t;
        fun(a,++i,--j);
    }
}
int main()
{
    int a[]={1,2,3,4,5,6},i;
    fun(a,0,5);
    for(i=0;i<6;i++)
        printf("%d",a[i]);
    return 0;
}
```

执行后输出的结果是(　　)。

A. 654321   B. 432156   C. 456123   D. 123456

二、判断题

1. int *p;定义了一个指针变量p，其值是整型的。   (　　)

2. 一个变量的地址就称为该变量的"指针"。   (　　)

3. 语句 y=*p++;和 y=(*p)++;是等价的。   (　　)

4. int i,*p=&i;是正确的 C 说明。   (　　)

5. 若有说明: int *p1,*p2,m=3;，则 p1=&m;p2=p1;是正确的赋值语句。   (　　)

6. char *name[5]定义了一个一维指针数组，它有 5 个元素，每个元素都是指向字符数据的指针型数据。   (　　)

7. 指向同一数组指针 p1、p2 相减的结果与所指元素的下标相减的结果是相同的。

( )

8. 变量的指针，其含义是指该变量的一个标志。 ( )

9. 若定义：int(*p)[4];，则标识符 p 是一个指针，它指向一个含有 4 个整型元素的一维数组。 ( )

10. 已有定义 int(*p)();，指针 p 可以指向函数的入口地址。 ( )

11. 设有程序段：char s[]="program";char *p;p=s;，表示数组的第一个元素 s[0]和指针 p 相等。 ( )

12. 用指针作为函数参数时，采用的是"地址传送"方式。 ( )

13. 如果定义函数时的参数是指针变量，那么，调用函数时的参数就可以是同类型的指针变量、数组名或简单变量的地址。 ( )

14. 设有以下定义：char *c[2]={"12","34"};，表示 c 数组的两个元素中各自存放了字符串"12"和"34"的首地址。 ( )

15. C 程序的 main 函数可以有参数，但参数不能是指针类型。 ( )

三、程序填空题

1. 以下程序的功能是：通过指针操作，找出 3 个整数中的最小值并输出。请填空。

```c
#include <stdio.h>
int main()
{
    int *a,*b, *c, num, x, y, z;
    a=&x;
    b=&y;
    c=&z;
    printf("输入 3 个整数:");
    scanf("%d%d%d", a, b, c);
    printf("%d, %d, %d\n",*a,*b,*c);
    num=*a;
    if(*a>*b)
        _____;
    if(num>*c)
        _____;
    printf("输出最小整数:%d\n", num);
}
```

2. 下面程序是把从终端读入的一行字符作为字符串放在字符数组中，然后输出。请填空。

```c
#include <stdio.h>
int main()
{
    int i;
    char s[80],*p;
    for(i=0;i<79;i++)
```

```
    {
        s[i]=getchar();
        if(s[i]=='\n')
            break;
    }
    s[i]=_____;
    p=_____;
    while(*p)
        putchar(*p++);
    return 0;
}
```

3. 下面程序是判断输入的字符串是否是"回文"(顺读和倒读都一样的字符串称"回文"，如 level)。请填空。

```
#include <stdio.h>
#include <string.h>
int main()
{
    char s[81],*p1,*p2;
    int n;
    gets(s);
    n=strlen(s);
    p1=s;
    p2=_____;
    while(_____)
    {
        if(*p1!=*p2 )
        {
            break;
        }
        else
        {
            p1++;
            _____;
        }
    }
    if (p1<p2)
    {
        printf ("NO\n");
    }
    else
    {
        printf ("YES\n");
    }
    return 0;
}
```

4. 以下函数把 b 字符串连接到 a 字符串的后面，并返回 a 中新字符串的长度。请填空。

```
#include <stdio.h>
int strconnection(char a[], char b[])
{
```

```
    int num=0,n=0;
    while(*(a+num)!=_____)
    {
        num++;
    }
    while(b[n])
    {
        _____;
        num++;
        n++;
    }
    return num;
}
int main()
{
    int len;
    char a[20]="hello";
    char b[10]="Clanguage";
    len=strconnection(a,b);
    printf("拼接后字符串为%s,长度为%d\n",a,len);
    return 0;
}
```

5. 设函数 findbig 已定义为求 3 个数中的最大值。以下程序将利用函数指针调用 findbig 函数。请填空。

```
#include <stdio.h>
int main()
{
    int findbig(int,int,int);
    int (*f)(),x,y,z,big;
    f=_____;
    scanf("%d%d%d",&x,&y,&z);
    big=_____;
    printf("big=%d\n",big);
    return 0;
}
int findbig(int a,int b,int c)
{
    if(a>b)
    {
        if(a>c){   return a;   }
        else{   return c;   }
    }
    else
    {
        if(b>c){   return b;   }
        else{   return c;   }
    }
}
```

6. 以下函数的功能是把两个整数指针所指的存储单元中的内容进行交换。

```c
void exchange(int *x, int *y)
{
    int t;
    t = *y;
    *y = _____ ;
    *x = _____ ;
}
```

7. 定义 compare(char *s1, char *s2)函数，以实现比较两个字符串大小的功能。

```c
#include <stdio.h>
int compare(char *s1, char *s2)
{
    while(*s1&&*s2&& _____ )
    {
        s1++;
        _____ ;
    }
    return _____ ;
}
int main()
{
    printf("%d\n", compare("abCd", "abc"));
}
```

8. 以下程序求 a 数组中的所有素数之和，函数 isprime 用来判断自变量是否为素数。素数是只能被 1 和其本身整除且大于 1 的自然数。

```c
#include <stdio.h>
int isprime(int);
int main()
{
    int i,a[10],*p=a,sum=0;
    printf("Enter 10 num:\n");
    for (i=0;i<10;i++)
    {
        scanf("%d",&a[i]);
    }
    for (i=0;i<10;i++)
    {
        if (isprime(*(p+_____)) == 1)
        {
            printf("%d ",*(a+i));
            sum+= *(a+i);
        }
    }
    printf("\nThe sum=%d\n",sum);
    return 0;
}
```

```
int isprime(int x)
{
    int i;
    for(i=2;i<=x/2;i++)
    {
        if (x%i==0)
        {
            return 0;
        }
    }
    _____;
}
```

9. 以下函数的功能是删除字符串 s 中的所有数字字符。请填空。

```
#include <stdio.h>
void del(char *s)
{
    int n=0,i;
    for(i=0;s[i]!='\0';i++)
    {
        if( _____ )
        {
            s[n++]=s[i];
        }
    }
    s[n]=_____;
}
int main()
{
    char p[20]="h1e21314o5!";
    del(p);
    printf("%s\n",p);
    return 0;
}
```

10. 下面函数的功能是求出形式参数 array 所指的数组中的最大值和最小值，并把最大值和最小值分别存入 max 和 min 所对应的实参中，请把下面的程序填写完整。

```
#include <stdio.h>
void find(int* array,int n,int* max,int *min)
{
    int *p,*data_end;
    data_end=array+n;
    *max=*min=*array;
    for(p=array+1;p<data_end;p++)
    {
        if( _____ )
            *max=_____;
        else if( _____ )
            *min=_____;
    }
```

```
}
int main()
{
    int arr[10]={3,2,5,1,6,9,7,10,8,4};
    int max,min;
    find(arr,9,&max,&min);
    printf("max is %d,min is %d.\n",max,min);
    return 0;
}
```

四、编程题

1. 编写程序，计算一个字符串的长度。

2. 编写程序，将字符串 computer 赋给一个字符数组，然后从第一个字母开始间隔地输出该字符串。请用指针完成。

3. 设有一数列，包含 10 个数，已按升序排好。现要求编写程序，它能够把从指定位置开始的 n 个数按逆序重新排列并输出新的完整数列。进行逆序处理时要求使用指针方法。(例如，原数列为 2，4，6，8，10，12，14，16，18，20，若要求把从第 4 个数开始的 5 个数按逆序重新排列，则得到新数列为 2，4，6，16，14，12，10，8，18，20。)

4. 编写程序，从键盘输入 10 个数存入数组 data[10]中，同时设置一个指针变量 p 指向数组 data，然后通过指针变量 p 对数组按照从小到大的顺序排序，最后输出其排序结果。

5. 编写程序，用 12 个月份的英文名称初始化一个字符指针数组，当键盘输入整数为 1~12 时，显示相应的月份名，输入其他整数时显示错误信息。

6. 编写程序，从一个 3 行 4 列的二维数组中找出最大数所在的行和列，并将最大值及所在行列值打印出来。要求将查找和打印的功能编一个函数，二维数组的输入在主函数中进行，并将二维数组通过指针参数传递的方式由主函数传递到子函数中。

7. 编写程序，将字符串中的第 m 个字符开始的全部字符复制给另一个字符串。要求在主函数中输入字符串及 m 的值并输出复制结果，在被调函数中完成复制。

第 9 章

结构体、共用体和枚举类型

C 语言提供了结构体、共用体和枚举类型这 3 种数据类型，利用它们可以将多个相关、类型相同或不同的变量包装成为一个整体来使用。本章主要介绍 C 语言中这 3 种数据类型的定义和使用，其中结构体类型和共用体类型是两种构造类型，枚举类型是 C 语言的基本数据类型。

学习目标

本章要求掌握结构体类型、共用体类型和枚举类型的定义。掌握结构体类型和共用体类型变量的定义及其成员的引用。理解结构体数组的应用，理解结构体和共用体变量存储形式的不同。了解枚举类型变量的处理方式。掌握类型定义符 typedef 的使用，了解常用位运算符操作。

本章要点

- 结构体类型的定义
- 结构体类型变量
- 结构体数组
- 共用体
- 枚举类型
- 类型定义符 typedef 的使用
- 位运算符的使用

9.1   结构体类型的定义

在 C 语言中，数组中的各个成员，即各个数组元素的类型必须相同，可以将一组类型相同的数据组织进一个数组。但是，在现实中，某个整体中的各个个体类型不同的情况也很多，比如二维表(如学生登记单、财务报表等)中的每一行数据都是由若干个类型相同或不同的列组成的。那么如何表达类似二维表中的每一行数据这样的整体呢？

在 C 语言中，提供了结构体这种数据类型，利用结构体类型可以将多个相关、类型相同或不同的变量(相当于二维表中的各个列)包装成为一个整体(相当于二维表中的一行)来使用。

定义一个结构体类型的一般形式如图 9.1 所示。

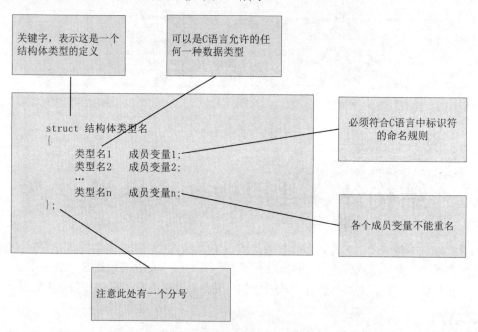

图 9.1   结构体类型定义的一般形式

以一个学生登记表中行数据的定义为例，来说明一个结构体类型的定义形式。

```
struct stutype            /*定义结构体类型 struct stutype*/
{
    int num;              /*学号为整型*/
    char name[20];        /*姓名为字符串*/
    char sex;             /*性别为字符型*/
    int age;              /*年龄为整型*/
    float score;          /*成绩为浮点型*/
    char addr[30];        /*地址为字符串*/
};
```

第一行的"**struct**"是 C 语言中的保留关键字，它标志着一个结构体类型的开始，"**stutype**"是该结构体类型的名称，大括号里面是对构成这个整体的各个成员变量的说明。

结构体类型定义之后，即可利用其进行结构体变量的说明。凡说明为结构体类型 stutype 的变量都由上述 6 个成员组成。由此可见，结构体类型是一种复杂的数据类型，是数目固定、类型不同、若干个有序变量(结构体类型中的各个成员的排列是有序的，整个结构体是以首地址开头的一块连续的内存单元)的集合。

📵 说明：

● "结构体"和"结构体类型"之间的关系，与"整数"和"整数类型"之间的关系相同。

● 结构体类型的定义也相当于一个二维表结构的定义。

9.2 结构体类型变量

9.2.1 结构体变量的定义

在完成一个结构体类型的定义之后，就可以定义结构体类型的变量了。

结构体、结构体类型、结构体变量之间的关系，相当于整数、整数类型、整数变量之间的关系。

定义结构体类型的变量有以下 3 种方法。以上面定义的结构体类型 stutype 为例来加以说明。

(1) 先定义结构体类型，再定义结构体类型的变量。

例如：

```
struct stutype
{
    int num;
    char name[20];
    char sex;
    int age;
    float score;
    char addr[30];
};
struct stutype s1,s2;
```

以上语句定义了 s1 和 s2 两个变量，为 struct stutype 类型的变量。

这种方式是声明类型和定义变量分离，在声明类型后可以随时定义变量，比较灵活。

(2) 在定义结构体类型的同时定义结构体类型的变量。

例如：

```
struct stutype
{
    int num;
    char name[20];
    char sex;
```

```
    int age;
    float score;
    char addr[30];
}s1,s2;
```

以上语句的作用和第(1)种方法相同。

在实际的应用中，这种方式适合于定义局部使用的结构体类型或结构体类型变量，如在一个文件内部或函数内部。

(3) 直接定义结构体类型的变量。

例如：

```
struct
{
    int num;
    char name[20];
    char sex;
    int age;
    float score;
    char addr[30];
}s1,s2;
```

第(3)种方法与第(2)种方法的区别在于第(3)种方法中省去了结构体类型的名字，而直接给出结构体类型的变量。

在实际应用中，此方法适合于临时定义局部变量或结构体成员变量。

以上 3 种方法中定义的 s1 和 s2 变量都具有图 9.2 所示的**内存模式**。

成员变量的名字	num	name	sex	age	score	addr
所占字节数	4	20	1	4	4	30

图 9.2　结构体变量的内存模式示意图

定义了变量 s1 和 s2 为 stutype 这种结构体类型之后，就可以为这两个结构体类型变量中的各个成员赋值了(相当于向一个已经说明了表结构的二维表中的某行添加其各列的数据)。

此外，结构体的成员变量也可以又是一个结构体类型，即构成了嵌套的结构体类型。例如，图 9.3 给出的就是一个嵌套型结构体类型变量的内存模式。

成员变量的名字	num	name	sex	age			score
				year	month	day	
所占字节数	4	20	1	4	4	4	4

图 9.3　嵌套型结构体变量的内存模式示意图

按照图 9.3 所示可以给出以下结构体类型变量的定义：

```
struct datetype
{
    int year;
    int month;
    int day;
};
struct
{
    int num;
    char name[20];
    char sex;
    struct datetype birthday;
    float score;
}s1,s2;
```

首先定义了一个结构体类型 datetype，由 year(年)、month(月)、day(日)3 个成员变量组成。在定义变量 s1 和 s2 时，其中的成员变量 birthday 被说明为另一个结构体类型 datetype。

💡 **注意：**

(1) 结构体类型中的成员变量名可与程序中其他变量同名，互不干扰。

(2) 结构体类型不允许嵌套定义，即一个结构体类型内部成员变量的类型不允许是其本身。

(3) 结构体变量名代表结构体变量所占内存空间的首地址。

9.2.2　结构体变量中成员的引用

在程序中使用结构体类型的变量时，往往不把它作为一个整体来使用。在 ANSI C 中除了允许具有相同类型的结构体变量相互赋值以外，一般对结构体变量的使用，包括赋值、输入、输出、运算等，都是通过结构体变量的成员来实现的。

结构体变量在定义的时候是将若干个变量组合为一个整体来定义，但在使用的时候，通常对其各个成员单独使用。

表示结构体类型变量成员的一般形式为：

结构体变量名.成员名

例如：

s1.num　　　　　表示第一个学生的学号
s2.sex　　　　　表示第二个学生的性别

如果成员本身又是一个结构体类型的变量，则必须逐级找到最低级的成员才能使用。例如：

s1.birthday.month　　表示第一个学生的出生月份

结构体变量中的各个成员变量可以在程序中单独使用，与普通变量完全相同。例如：

```
int x=1001;
s1.num=x;
s2.num=s1.num+10;
```

9.2.3　结构体变量的赋值

结构体变量的赋值就是给其各个成员变量赋值，可用输入语句或赋值语句来完成。

例 9.1　给结构体变量赋值并输出其值。

【代码】

```
#include<stdio.h>
struct stu
{
    int num;
    char name[20];
    char sex;
    int age;
    float score;
    char addr[30];
}s1,s2;                    /* s1 和 s2 是两个已定义的结构体类型的变量*/
int main( )
{
    s1.num=1001;
    printf("input s1.name = \n");
    scanf("%s",s1.name);
    s1.sex='m';                /*用赋值语句给结构体变量 s1 的 sex 成员赋值*/
    s1.age=20 ;
    s1.score=95;
    printf("input s1.addr = \n");
    scanf("%s",s1.addr);         /*用输入语句给结构体变量 s1 的 adrr 成员赋值*/
    s2=s1;
    printf("num=%d  name=%s\n",s2.num,s2.name);
    printf("sex=%c score=%f addr=%s\n",s2.sex,s2.score,s2.addr);
    return 0;
}
```

【运行结果】

```
input s1.name =
jack✓
input s1.addr =
dalian✓
num=1001  name=jack
sex=m score=95.000000 addr=dalian
```

说明：

本程序中用赋值语句给 s1 的 num、sex、age、score 这 4 个成员赋值，用 scanf 语句读入字符串给 s1 的 name 和 addr 两个成员变量(name 和 addr 都是字符数组的名字，也可以称为字符串变量)。然后把 s1 的所有成员的值整体赋予 s2。最后分别输出 s2 的各个成员变量的值。本例表示了结构体变量的赋值、输入和输出的方法。

9.2.4 结构体变量的初始化

和其他类型变量一样，结构体变量也可以在定义时对其进行初始化。

例 9.2 结构体变量的初始化。

【代码】

```
#include<stdio.h>
struct
{
    int num;
    char name[20];
    char sex;
    int age;
    float score;
}s={1,"wangnan",'M',20,90};          /*定义结构体变量的同时，对其进行初始化*/
int main( )
{
    printf("num = %d  name = %s\n",s.num,s.name);
    printf("sex = %c  age = %d  score = %f\n",s.sex,s.age,s.score);
    return 0;
}
```

【运行结果】

```
num = 1  name = wangnan
sex = M  age = 20  score = 90.000000
```

📋 **说明：** 本例中，s 被定义为结构体类型的变量，并对其进行了初始化赋值。在 main 函数中，用 printf 语句输出了 s 的各个成员变量的值。

9.3 结构体数组

一个二维表中的每一行数据都可以放到一个结构体里面，那么由若干行组成的整体，即一个二维表显然应该是一个数组，这就是结构体数组。结构体数组中的每一个个体(即每一个数组元素)都是一个结构体类型的数据，它们都分别包括各个成员分量(即各个列属性值)。

定义结构体数组和定义结构体变量的方法相似，只需说明其为数组即可(数组的标识是一对中括号)。例如：

```
struct student
{
    int num;
    char name[20];
    char sex;
    int age;
    float score;
};
struct student s[5];              /*  s 就是一个长度为 5 的结构体数组名*/
```

以上定义了一个数组 s，其元素类型为 struct student，数组有 5 个元素。

也可以在定义结构体类型的同时直接定义一个结构体数组。例如：

```
struct student
{
    int num;
    char name[20];
    char sex;
    int age;
    float score;
}s[5];
```

或如：

```
struct                           /*定义类型时没有说明结构体类型名*/
{
    int num;
    char name[20];
    char sex;
    int age;
    float score;
}s[5];
```

与其他类型的数组一样，对结构体数组也可以初始化。例如：

```
struct stutype
{
    int num;
    char *name;
    char sex;
    float score;
}s[5]={{1001,"Zhang Li",'M',45},
{1002,"Sun Hong",'M',62},
{1003,"Liu Jialin",'F',95},
{1004,"Zhou Jiewen",'F',86},
{1005,"Zhu Haiyang",'M',59}};
```

该段代码中的 s[5]称为结构体数组，它属于结构体变量，在定义该数组的同时对它进行了初始化操作。当对全部元素作初始化赋值时，也可不给出数组的长度。

下面的例 9.3 用于输出学生成绩登记表中所有学生的信息及不及格学生人数。其中定义了一个全局结构体数组 st，共 5 个元素，并作了初始化赋值。在 main 函数中用 for 语句逐个求各元素 st[i]的 score 成员值，如果 st[i].total_score 的值小于 60(不及格)，则计数器 count 加 1，循环完毕后，输出数组 st 中的所有元素各成员的值以及计数器 count 中存储的不及格人数。

例 9.3　输出学生成绩登记表中所有学生的信息及不及格学生人数。

【代码】

```c
#include <stdio.h>
#define NUM 5
struct student
{
    char name[20];
    double score;
}st[NUM]={{"zhanghuan",57.5},
{"sunli",68},
{"lihuan",76.5},
{"sunlei",55.5},
{"wangle",50}};
/*数组 st 的定义不存在于任何一个函数的内部，所以它是
一个全局变量，可以出现在它下面的任何一个函数内部*/
int main( )
{
    int i,count=0;
    for(i=0;i<NUM;i++)                      /*利用宏定义产生的符号常量*/
    {
        printf("%s %5.1f\n",st[i].name,st[i].score);
        if(st[i].score<60)
        {
            count=count+1;
        }
    }
    printf("%d\n", count);
    return 0;
}
```

【运行结果】

```
zhanghuan  57.5
sunli  68
lihuan  76.5
sunlei  55.5
wangle  50
3
```

9.4 共 用 体

在某些实际应用中，会要求同一对象在不同情况下存放不同类型的数据。例如，统计全校所有学生某门基础课的成绩，有的学院要求用 A、B、C、D 这 4 个级别统计，有的学院要求按百分制成绩统计，前者定义成绩变量属于 char 型，后者属于 float 型。对于某名学生而言，这两个变量只有一个起作用，两个变量占用不同的内存空间必然造成浪费。为了解决这类问题，C 语言提供了称为"共用体"的构造类型。

共用体类型是使几个不同类型的变量共同占用一段内存区域的数据类型。这几个变量从同一地址开始存放，使用覆盖技术，使得在任一时刻只有一个变量起作用。

9.4.1 共用体类型的定义

共用体类型定义的一般形式为：

```
union 共用体名
{
    类型名 1  成员名 1;
    类型名 2  成员名 2;
        …
    类型名 n  成员名 n;
};
```

其中 union 为关键字，共用体类型也是由若干个成员组成。其命名规则和结构体类型定义相同。例如：

```
union score
{
    float point;
    char grade;
};
```

9.4.2 共用体变量的定义

和结构体变量定义相同，共用体变量的定义也有 3 种。

1. 先定义共用体类型，再定义变量

例如：

```
union score
{
    float point;
    char grade;
};
union score s;
```

2. 在定义共用体类型的同时定义变量

例如：

```
union score
{
    float point;
    char grade;
}s;
```

3. 省略共用体类型名，直接定义变量

例如：

```
union
{
    float point;
    char grade;
}s;
```

可以看出，共用体和结构体的定义形式相似，但它们的含义是不同的。

结构体变量所占的内存字节数是各成员占的内存字节数之和。每个成员占用其自己的内存单元。

共用体变量所占的内存字节数等于其成员中占内存空间最大的成员的字节数。例如，上例中，共用体变量 s 的成员 point 占 4 字节，grade 占 1 字节，因此 s 占用 4 字节，变量 s 在内存中的结构如图 9.4 所示。

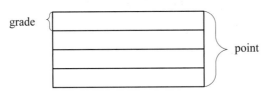

图 9.4　共用体类型变量的存储示意图

9.4.3　共用体变量的引用

共用体变量成员的引用方式为：

共用体变量名.成员名

共用体类型和变量的用法需要注意以下几点。

(1) 只有定义了共用体类型变量才能引用，而且不能直接引用共用体变量，只能引用共用体变量中的成员。例如，前面定义的共用体类型变量 s，可以引用 s.point、s.grade，但不能直接引用 s。因为 s 的存储区域有好几种类型，长度不同，仅写共用体变量名，系统不明确究竟指向哪一个成员。

(2) 共用体变量中起作用的成员是最后一次存放的成员，在存入一个新的成员后原来的成员就失去了作用。例如，对于前边定义的共用体类型变量 s，执行完以下两条语句：

```
s.point=90.5;
s.grade='A';
```

此时 s.grade 有效，s.point 已经失去意义。

(3) 不能在定义共用体变量时对它进行初始化。

例如：

```
union score
{
    float point;
    char grade;
}s={90.5,'A'};                    /*编译报错，不能对 s 初始化*/
```

(4) 根据实际应用需要，共用体类型可以出现在结构体类型定义中；反之，结构体类型也可以出现在共用体类型定义中。

9.5 枚 举 类 型

在实际应用中，有的变量只有几种可能的取值。如人的性别只有男和女两种可能的取值，星期只有星期一到星期日 7 种可能的取值，学生选修课成绩只有优、良、中、及格和不及格 5 种可能等。在 C 语言中对这种取值范围较小、取值比较特殊的变量可以定义为枚举类型。

使用枚举类型的目的主要是为了增加程序的可读性，"枚举"是指将变量可能的取值一一起个名字列举出来。可以认为，**枚举类型**是一个用户命名的常量集合，该常量的集合就是枚举类型变量的取值范围。

作为一种用户自定义的数据类型，也必须遵循 C 语言"先定义，后使用"的原则。

9.5.1 枚举类型的定义

枚举类型的定义形式借鉴了结构体类型的定义形式。例如：

```
enum weekday
{
    sun,mon,tue,wed,thu,fri,sat
};
```

以上声明了一个枚举类型 enum weekday，花括号中的 sun、mon 等称为**枚举元素**，它们是用户自定义的名称。enum 是 C 语言中的保留关键字，用于标识一个枚举类型的开始。标识符 weekday 是枚举类型的名字。

💡 **注意：** 不能有两个名字相同的枚举元素，枚举元素(用户定义的常量)不能与其他的变量同名。

9.5.2　枚举变量的说明

枚举变量的说明形式与结构体相似，也有 3 种形式。

1. 与枚举类型分开定义

例如：

```
enum weekday
{
    sun,mon,tue,wed,thu,fri,sat
};
enum weekday day;
```

与结构体类型的使用一样，枚举类型的使用，前面必须带 emun 这个标志，day 是枚举类型变量，它的取值范围是上面大括号内的 7 个常量组成的集合。大括号内的 7 个常量是该枚举类型的内容，也是枚举变量 day 的几个可能的取值，如 day=sun;和 day=fri;都是正确的。

2. 与枚举类型合在一起定义

例如：

```
enum weekday
{
    sun,mon,tue,wed,thu,fri,sat
}day;
```

3. 利用无名枚举类型直接定义枚举变量

例如：

```
enum
{
    sun,mon,tue,wed,thu,fri,sat
}day;
```

💡 **注意：**

(1) 枚举元素是常量，有固定的取值，C 语言在编译时按定义的顺序规定它们的值分别为 0、1、2…。在上面的定义中，sun 的值为 0，mon 的值为 1，……，sat 的值为 6。如果有赋值语句：

```
day=mon;
```

相当于

```
day=1;
```

不能将枚举元素作变量使用，即枚举元素不能出现在赋值号的左面，如 sun=0;是错误的。

(2) 枚举变量可以输出。例如，对于上面定义的枚举变量 day，如果有语句：

```
day=mon;
printf("%d\n",day);
```

将输出整数 1。

(3) 在定义枚举类型时也可以强制指定枚举元素的值，被强制指定值的枚举元素后面的值按顺序逐个加 1。例如：

```
enum grade_type
{
    bujige=3,jige,zhongdeng,lianghao=9,youxiu
}grade;
```

则常量 jige、zhongdeng 的值分别为 4 和 5，常量 youxiu 的值为 10。

9.6　类型定义符 typedef

为了提高程序的可读性，C 语言允许用户使用类型定义符 typedef，为已有的数据类型取"别名"(一般用大写表示)。

typedef 语句的一般形式为：

```
typedef 已定义的类型 别名;
```

💡 **注意：**

(1) typedef 类型定义并没有引入新的类型，它只是定义了一个已知数据类型的同义词。

(2) 创建容易记忆、易于理解的别名，可以增加程序的可读性。

例如，有整型变量 a、b，其定义如下：

```
int a,b;
```

其中 int 是整型变量的类型说明符。int 的完整写法为 integer，为了增加程序的可读性，可把整型说明符用 typedef 定义为：

```
typedef int INTEGER;
```

这样以后就可用 INTEGER 来代替 int 作整型变量的类型说明了。

即 INTEGER a,b; 等价于 int a,b;

此外，用 typedef 定义数组、指针、结构体等数据类型，既可以方便程序书写，又可增加程序的可读性和后续维护性。

例如：

```
typedef struct student
{
    char name[20];
    int age;
```

```
    char sex;
}STU;
```

或

```
struct student
{
    char name[20];
    int age;
    char sex;
};
typedef struct student STU;
```

作用是定义了别名 STU 表示结构体类型 struct student，然后可用 STU 来定义结构体类型变量：

```
STU s1,s2;
```

等价于

```
struct student s1,s2;
```

又例如：

```
typedef  int * INTPOINTER;
```

则

```
INTPOINTER p;
```

等价于

```
int *p;
```

🌀 补充：

(1) 有时也可用宏定义来代替 typedef 的功能，但是宏定义是由预处理完成的，而 typedef 则是在编译时完成的，后者更为灵活、方便。

(2) 当不同源文件用到同一用户自定义的数据类型时，通常在一个单独的头文件中定义该数据类型，并用类型定义符 typedef 为之取一个简单、易懂的别名，然后在用到它们的文件中用 include 命令包含进来就可以了。

9.7　位　运　算　符

之前介绍的各种运算都是以字节作为最基本单位进行的。但在很多系统程序中常要求在位(bit)一级进行运算或处理。C 语言提供了位运算的功能，这使得 C 语言也能像汇编语言一样用来编写系统程序。

C 语言提供了以下 6 种位运算符。

&：按位与。

|：按位或。

^：按位异或。

~：取反。

<<：左移。

>>：右移。

9.7.1　按位与运算

按位与运算符"&"是双目运算符。其功能是参与运算的两个数对应的二进制位相与。只有对应的两个二进制位均为 1 时，结果位才为 1；否则为 0。参与运算的数以补码方式出现。

例如，7&4 可写算式如下：

```
    0000 0111        (7 的二进制补码)
  & 0000 0100        (4 的二进制补码)
    0000 0100        (4 的二进制补码)
```

可见 7&4=4。

知识回顾：二进制数补码的求法：若-n 为负数，则将 n-1 的原码按位取反就是-n 的补码，如-8 的补码就是将 7 的原码按位取反。若 n 为正数，它的补码与其原码相同。

例 9.4　按位与运算示例。

【代码】

```c
#include<stdio.h>
int main( )
{
    int x=7,y=4,z;
    z=x&y;
    printf("x=%d\ny=%d\nz=%d\n",x,y,z);
    return 0;
}
```

【运行结果】

```
x=7
y=4
z=4
```

9.7.2　按位或运算

按位或运算符"|"是双目运算符。其功能是参与运算的两个数对应的二进制位相或。只要对应的两个二进制位有一个为 1 时，结果位就为 1。参与运算的两个数均以补码形式出现。

例如，7|4 可写算式如下：

```
    0000 0111
  | 0000 0100
    0000 0111
```

可见 7|4=7。

9.7.3　按位异或运算

按位异或运算符 "^" 是双目运算符。其功能是参与运算的两个数对应的二进制位相异或，当两个对应的二进制位相异时，结果为 1。参与运算的数仍以补码形式出现。

例如，7^4 可以写成算式如下：

```
    0000 0111
  ^ 0000 0100
    0000 0011
```

可见 7^4=3。

9.7.4　取反运算

取反运算符 "~" 为单目运算符，具有右结合性。其功能是对参与运算的数的各个二进制位按位取反。参与运算的数仍以补码形式出现。例如，~7 可以写成算式如下：

~(0000 0000 0000 0111)

结果为：1111 1111 1111 1000　（此为-8 的补码）

可见~7=-8。

9.7.5　左移运算

左移运算符 "<<" 是双目运算符。其功能把 "<<" 左边的运算数的各个二进制位全部左移若干位，由 "<<" 右边的数指定左移的位数，高位丢弃，低位补 0。

例如，x<<4

指把 x 的各二进制位向左移动 4 位。如 x=0000 0111(十进制 7)，左移 4 位后为 0111 0000(对应的十进制数为 112)。

9.7.6　右移运算

右移运算符 ">>" 是双目运算符。其功能是把 ">>" 左边的运算数的各个二进制位全部右移若干位，">>" 右边的数指定右移的位数。

例如，设 x=112，x>>4

表示把 0111 0000 右移为 0000 0111(对应的十进制数为 7)。

应该说明的是，对于有符号位的二进制数，在右移时，符号位将随同移动。当为正数时，最高位补 0，而为负数时，符号位为 1，最高位是补 0 或是补 1 取决于编译系统的规定。

习　题　9

一、单项选择题

1. 下面定义语句，叙述不正确的是(　　)。

```
struct stu
{
    int a; float b;
}stutype;
```

    A.　struct 是结构体类型的关键字

    B.　struct　stu 是用户定义结构体类型

    C.　stutype 是用户定义的结构体类型名

    D.　a 和 b 都是结构体成员名

2. 以下说法不正确的是(　　)。

    A.　已知

```
struct{        char x;
               float y;}a;
```

则变量 a 占用的内存区域为 5 字节

    B.　已知

```
union {        char x;
               float y;}b;
```

则变量 b 占用的内存区域为 4 字节

    C.　可以定义结构体类型如下：

```
 struct stu
{
    char name[20];
    int age;
    union {
        char grade;
        float point;
    }category;
};
```

    D.　已知

```
union{
char x;
float y;}b;
```

可以为变量 b 执行赋值语句：　　b=2.1;

3. 设有定义语句：

```
enum t1
{
    a1,a2=7,a3,a4=15
}time;
```

则枚举常量 a2 和 a3 的值分别为(　　)。

A. 1 和 2　　　　B. 2 和 3　　　　C. 7 和 2　　　　D. 7 和 8

4. 已知：

```
struct student
{
    char name[20];
    char sex;
    int age;
};
struct student s;
```

则执行以下语句，语法正确的是(　　)。

A. student.age=20;　　　　　　B. printf("%s",s);

C. scanf("%d",&s.age);　　　　D. scanf("%s",&s.sex);

5. 已知：

```
struct person
{
    char name[20];
    char sex;
    int age;
}a[3];
```

则执行以下语句，语法正确的是(　　)。

A. person.age=20;　　　　　　B. a.age=20;

C. a[3].age=20;　　　　　　　D. a[1].sex='F';

6. 以下程序运行结果为(　　)。

```
#include<stdio.h>
enum
{
    x,y,z
}item;
int main( )
{
    item=y;
    printf("%d",item);
    return 0;
}
```

A. 0　　　　　　B. 1　　　　　　C. 2　　　　　　D. 编译错误

7. 已知:

```
enum week
{
    sun,mon,tue,wed,thu,fri,sat
}day;
```

则正确的赋值语句是(　　　)。

A. sun=0;　　　　B. sun=day;　　　C. sun=mon;　　　D. day=sun;

8. 已知:

```
union
{
    int i;
    char c;
    float a;
}test;
```

则 sizeof(test)的值是(　　　)。

A. 1　　　　　　B. 2　　　　　　C. 4　　　　　　D. 9

9. 以下程序运行结果是(　　　)。

```
#include<stdio.h>
union u_type
{
    int i;
    char ch;
    float a;
}temp;
int main()
{
    temp.i=266;
    printf("%d",temp.ch);
    return 0;
}
```

A. 266　　　　　B. 256;　　　　　C. 10　　　　　D. 1

二、判断题

1. 结构体类型的成员变量可以又是一个结构体类型。　　　　　　　　　　(　　)
2. 共用体类型的变量所占的内存字节数是各成员占的内存字节数之和。　　(　　)
3. 共用体类型可以出现在结构体类型的定义中。　　　　　　　　　　　　(　　)
4. C 语言允许用户使用类型定义符 typedef,为任何代码段取"别名"。　　(　　)
5. 若有说明: struct{

　　　　　　　　float a;

　　　　　　　　char b;}x;

则变量 x 占用的内存区域为 4 字节。　　　　　　　　　　　　　　　　(　　)

三、编程题

1. 从键盘上输入 4 名学生的数据，每名学生的数据包括姓名、性别、成绩，要求计算这 4 名学生的平均成绩，并统计不及格人数。

2. 设有若干个人员的数据，其中有学生和教师。学生的数据中包括姓名、号码、性别、职业、班级。教师的数据包括姓名、号码、性别、职业、职务。现要求把它们放在同一表格中。如果"职业"项为"s"(学生)，则第 5 项为"班级"。如果"职业"项是"t"(教师)，则第 5 项为"职务"。要求输入人员的数据，然后再输出。

3. 利用枚举类型表示一周中的每一天，当在键盘上任意输入 1～7 的数字时，输出对应的星期。

第 10 章

指向结构体的指针与链表

本章首先介绍 C 语言中指向结构体变量和结构体数组的指针变量的使用；接着介绍结构体指针变量作为函数参数的使用；最后介绍动态存储分配以及链表的概念和基本操作。

学习目标

本章要求掌握指向结构体变量的指针变量和指向结构体数组及数组元素的指针变量的定义和引用，理解指向结构体变量的指针变量、结构体指针变量作为函数参数的使用方法，掌握链表中节点的描述方式，了解链表的建立、输出、插入和删除等操作。

本章要点

- 结构体指针变量
- 动态存储分配
- 链表的概念
- 链表的基本操作

10.1 结构体指针变量的说明和使用

与基本类型的指针变量相似，**结构体指针变量**的主要作用是存储其**所指向的结构体变量的首地址或结构体数组的首地址**，通过间接方式操作对应的结构体变量或结构体数组。

10.1.1 指向结构体变量的指针

一个指针变量当用来指向一个结构体变量时，称之为**结构体指针变量**。结构体指针变量中的值是**所指向的结构体型变量的首地址**。通过结构体指针即可访问该结构体变量，这与**数组指针**和**函数指针**的情况是相同的。

结构体指针变量说明的一般形式为：

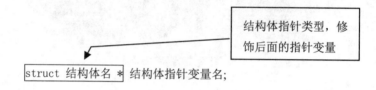

结构体指针类型，修饰后面的指针变量

```
struct 结构体名 * 结构体指针变量名;
```

例如，假设已经定义了 struct stu 这个结构体类型，如要说明一个**指向该结构体类型的指针变量 p**，可写为：

```
struct stu *p;
```

当然也可在定义结构体类型 struct stu 的同时说明指针变量 p。例如：

```
struct stu
{
    …;
    …;
}*p;
```

与前面讨论的各类指针变量相同，结构体指针变量也必须要先赋值后才能使用。

赋值是把**结构体变量的首地址**赋予该指针变量，不能把结构体类型名赋予该指针变量。如果 **student** 被说明为 struct stu 类型的**结构体变量**，则：

```
p=&student;
```

是正确的，而：

```
p=&stu;
```

是错误的。

结构体类型和结构体变量是两个不同的概念，不能混淆。**结构体类型只能描述一种结构体形式**，编译系统并不为它分配内存空间。只有当某变量被说明为这种类型的结构体变量时，才对该变量分配存储空间。因此，上面&stu 的写法是错误的，不可能去取一个结构体类型名的首地址。有了结构体指针变量，就能更方便地访问结构体型变量的各个成员了。

其访问的一般形式为：

(*结构指针变量).成员名

或为：

结构指针变量->成员名

例如：

(*p).num

或者：

p->num

应该注意**(*p)两侧的括号不可少**，因为成员符"."的优先级高于"*"。如去掉括号写作*p.num，则等效于*(p.num)，这样，意义就完全不对了。

下面通过例子来说明结构体指针变量的具体使用方法。

例 10.1　结构体指针变量使用示例。

【代码】

```c
#include<stdio.h>
struct stu
{
    int num;
    char *name;
    char sex;
    float grade;
}student={1001,"zhangsan",'M',98},*p;
int main( )
{
    p=&student;
    printf("Number=%d  Name=%s\n",student.num,student.name);
    printf("Sex=%c  Grade=%.1f\n",student.sex,student.grade);
    printf("Number=%d  Name=%s\n",(*p).num,(*p).name);
    printf("Sex=%c  Grade=%.1f\n",(*p).sex,(*p).grade);
    printf("Number=%d  Name=%s\n",p->num,p->name);
    printf("Sex=%c  Grade=%.1f\n",p->sex,p->grade);
    return 0;
}
```

【运行结果】

```
Number=1001  Name=zhangsan
Sex=M Grade=98.0
Number=1001  Name=zhangsan
Sex=M Grade=98.0
Number=1001  Name=zhangsan
Sex=M Grade=98.0
```

- 本例程序定义了一个结构体类型 **stu**，定义了一个属于 stu 类型的**结构体变量 student**，并对 student 进行了初始化赋值操作。
- 定义了一个可以指向 stu 类型结构体变量的指针变量 p。
- 在 main 函数中，**p 被赋予了结构体变量 student 的首地址**，因此，也可以说 **p 指向结构体变量 student**。
- 然后在 printf 语句内分别用 3 种形式输出了结构体变量 student 的各个成员的值。
- 从运行结果可以看出：
  ① 结构体变量.成员名
  ② (*结构体指针变量).成员名
  ③ 结构体指针变量->成员名

这 3 种用于表示结构体成员的形式是**完全等效**的。

10.1.2 指向结构体数组的指针

指针变量也可以指向一个结构体数组，这时**结构体指针变量的值是整个结构体数组的首地址**(实际上也是第一个数组元素的首地址)。结构体指针变量也可指向结构体数组的任意一个元素，这时结构体指针变量的值是该结构体数组元素的首地址。

设 **p 为指向结构体数组的指针变量**，则 p 也指向该结构体数组中下标值为 0 的数组元素，p+1 指向下标值为 1 的数组元素，**p+i 则指向下标值为 i 的数组元素**。这与普通数组的情形是一样的。

例 **10.2** 用指针变量输出结构体数组。

【代码】

```
#include<stdio.h>
struct stu
{
    int num;
    char *name;
    char sex;
    float grade;
}student[5]={ {1001,"wangnan",'M',80.5},
{1002,"zhaolin",'F',60},
{1003,"sunbin",'F',82.5},
{1004,"zhaodan",'F',77},
{1005,"lining",'M',56} };
int main()
{
    struct stu *p;
    printf("Num\tName\tSex\tGrade\t\n");
    for(p=student;p<student+5;p++)
```

```
    {
        printf("%-8d%-10s%-6c%-5.1f\t\n",p->num,p->name,p->sex,p->grade);
    }
    return 0;
}
```

【运行结果】

```
Num     Name        Sex     Grade
1001    wangnan     M       80.5
1002    zhaolin     F       60.0
1003    sunbin      F       82.5
1004    zhaodan     F       77.0
1005    lining      M       56.0
```

说明：

- 在程序中，定义了 struct stu 结构体类型的**全局数组 student**，并对其作了初始化赋值(在函数体外定义的变量叫全局变量)。
- 在 main 函数内定义 **p** 为可以指向 stu 类型的结构体变量的指针。
- 在循环语句 for 的表达式 1 中，p 被赋予结构体数组 student 的首地址，for 的循环体被循环执行 5 次，分别输出了结构体数组 student 中各个数组元素每个成员的值。
- 应该注意的是，一个结构体指针变量虽然可以用来访问结构体变量或结构体数组中的各数组元素，但是，不能使它指向数组元素的一个成员。也就是说，**不允许取一个数组元素的成员的地址来赋予它**。因此下面的赋值是错误的。

```
p=&student[1].sex;
```

而只能是：

```
p=student;              /*赋予数组的首地址*/
```

或者是：

```
p=&student[1];          /*赋予下标值为 1 的数组元素的首地址*/
```

10.1.3 结构体指针变量作函数参数

在 ANSI C 标准中允许用**结构体变量作函数参数**进行整体传送。但是这种传送要将全部成员逐个传送，特别是成员为数组时，传送的时间和空间开销很大，严重降低了程序的效率。因此最好的办法就是使用指针，即**用指针变量作函数参数进行传送**。这时由实参传向形参的只是地址，从而减少了时间和空间的开销。

例 **10.3** 计算一组学生的平均成绩，并统计不及格人数。

【代码】

```
#include<stdio.h>
struct stu
```

```
{
    int num;
    char *name;
    char sex;
    float grade;
}student[5]={ {1001,"wangnan",'M',80.5},
{1002,"zhaolin",'F',60},
{1003,"sunbin",'F',42.5},
{1004,"zhaodan",'F',77},
{1005,"lining",'M',56} };
void ave(struct stu *ptr)
{
    int count=0,i;
    float ave,sum=0;
    for(i=0;i<5;i++)
    {
        sum+=ptr->grade;
        if(ptr->grade<60)
            count=count+1;
        ptr=ptr+1;
    }
    printf("sum=%5.1f\n",sum);
    ave=sum/5;
    printf("average=%5.1f\tcount=%d\n",ave,count);
}
int main()
{
    struct stu *p;
    p=student;          /* p 中存放的是结构体数组 student 的首地址 */
    ave(p);
    return 0;
}
```

【运行结果】

```
sum=316.0
average= 63.2    count=2
```

说明：

- 本程序中定义了函数 **ave**，其形参为结构体指针变量 **ptr**。
- **结构体数组 student** 被定义为全局变量，因此在整个源程序中都可以使用。
- 在 main 函数中定义说明了结构体指针变量 p，并把结构体数组 student 的首地址赋给它，使 **p** 指向结构体数组 **student**。
- 然后以 p 作实参调用函数 ave。
- 在函数 ave 中完成计算平均成绩和统计不及格人数的工作并输出结果。
- 由于本程序全部采用指针变量作运算和处理，故速度更快，程序效率更高。

10.2　动态存储分配

在数组一章中，曾介绍过数组的长度是预先定义好的，在整个程序中固定不变。C 语言中没有动态数组类型。

例如：

```
int n;
scanf("%d",&n);
int a[n];
```

用变量表示数组长度，想对数组的大小作动态说明，这是错误的。但是在实际编程中，往往会发生这种情况，即所需的内存空间取决于实际输入的数据，而无法预先确定。对于这种问题，用数组的办法很难解决。为了解决上述问题，C 语言提供了一些**内存管理函数**，这些内存管理函数**可以按需要动态地分配内存空间**，也可把不再使用的空间回收待用，更有效地利用内存资源。

常用的内存管理函数有以下 3 个。

1. 分配内存空间函数 malloc

调用形式：

```
(类型说明符*)malloc(size)
```

功能：在内存的动态存储区中**分配一块长度为"size"字节的连续区域**。函数的返回值为该区域的首地址。

- "类型说明符"表示该区域用于存储何种类型的数据。
- (类型说明符*)表示把返回值强制转换为该类型的指针。
- "size"是一个无符号数。

例如：

```
p=(char *)malloc(100);
```

表示分配 100 字节的内存空间，并强制转换为字符数组类型，函数的返回值为指向该字符数组的指针，把该指针赋予指针变量 p。

2. 分配内存空间函数 calloc

调用形式：

```
(类型说明符*)calloc(n,size)
```

功能：在内存动态存储区中**分配 n 块长度为"size"字节的连续区域**。函数的返回值为该区域的首地址。

- (类型说明符*)用于强制类型转换。
- calloc 函数与 malloc 函数的区别仅在于一次可以分配 n 块区域。

例如：

```
p=(struct stu*)calloc(2,sizeof(struct stu));
```

其中的 sizeof(struct stu)是求结构体类型 stu 的长度。因此该语句的意思是：**按照结构体类型 stu 的长度分配两块连续区域**，强制转换为 stu 这种结构体类型，并把其首地址赋予指针变量 p。

3. 释放内存空间函数 free

调用形式：

```
free(void *p);
```

功能：**释放 p 所指向的一块内存空间**，p 是一个任意类型的指针变量，它指向被释放区域的首地址。被释放区域应是由 malloc 或 calloc 函数所分配的区域。

例 10.4 动态分配一块内存区域，用于存储一名学生的相关数据。

【代码】

```
#include<stdio.h>
#include <malloc.h>   /*malloc、calloc 和 free 3 个库函数的说明在该头文件中*/
int main()
{
    struct stu
    {
        int num;
        char *name;
        char sex;
        float grade;
    }*p;
    p=(struct stu*)malloc(sizeof(struct stu));
    p->num=1001;
    p->name="wangnan";
    p->sex='M';
    p->grade=92.5;
    printf("Number=%d\tName=%s\n",p->num,p->name);
    printf("Sex=%c\tGrade=%5.1f\n",p->sex,p->grade);
free(p);
    return 0;
}
```

【运行结果】

```
Number=1001    Name=wangnan
Sex=M   Grade= 92.5
```

说明：

● 本例中，**定义了结构体类型 stu** 和可以指向该结构体类型变量的指针变量 p。

● 然后分配一块 **stu** 大小的内存区域，并把这段区域的首地址赋予指针变量 p，使

p 指向该区域。

● 再利用指针变量 p 对各成员赋值，并用 printf 输出各成员的值。

● 最后用 free 函数释放 p 所指向的内存空间。

● 整个程序包含了**申请内存空间(malloc)、使用内存空间、释放内存空间(free)**3 个
步骤，**实现了存储空间的动态分配**。

10.3　链表的概念

在例 10.4 中采用了**动态分配的方法为一个结构体分配内存空间**。每一次分配一块空间
可用来存放一名学生的数据，称之为一个节点。有多少名学生就应该申请分配多少块内存
空间，也就是说要建立多少个节点。当然用结构体数组也可以完成上述工作，但如果预先
不能准确把握学生人数，也就无法确定数组的大小。而且当学生留级、退学之后也不能把
该元素占用的空间从数组中释放出来。

用动态存储的方法可以很好地解决这些问题。**有一名学生就分配一个节点，无须预先
确定学生的准确人数，某学生退学，可删去该节点，并释放该节点占用的存储空间**。从而
节约了宝贵的内存资源。另外，用数组的方法必须占用一块连续的内存区域。而使用动态
分配时，每个节点之间可以是不连续的(节点内是连续的)。**节点之间的联系可以用指针实
现**。即**在节点结构体中定义一个成员项用来存放下一个节点的首地址**，这个用于存放地址
的成员，常把它称为**指针域**。

可在第一个节点的指针域内存入第二个节点的首地址，在第二个节点的指针域内又存
放第三个节点的首地址，如此串联下去直到最后一个节点。**最后一个节点因无后续节点连
接，其指针域可赋为 NULL**。这样一种链接方式，在数据结构中称为"**链表**"。图 10.1 所
示为一个最简单的链表的示意图。

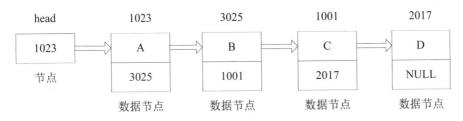

图 10.1　单向链表示意图

图 10.1 中，第 0 个节点称为**头节点**，它存放有第一个节点的首地址，它没有数据，只
是一个指针变量。后面的每个**数据节点**都分为两个域，一个是**数据域**，存放一个整型数
据；另一个是**指针域**，存放着其后下一个数据节点的**首地址**。

图 10.2 所示的链表，每个数据节点的**数据域**存放着学生的学号 num、姓名 name、性
别 sex 和成绩 grade，每个数据节点的**指针域**存放着其后下一个数据节点的首地址。

链表中的每一个数据节点都必须属于同一种结构体类型。

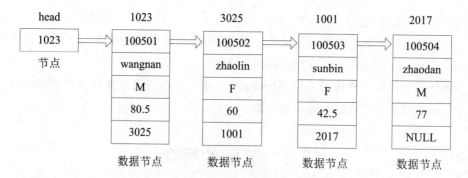

图 10.2　单向链表示意图

图 10.2 所示链表中的每一个数据节点所属的结构体类型应描述如下：

```
struct stu
{
    long num;
    char name[20] ;
    char sex
    float  grade;
    struct stu *next;
};
```

前 4 个成员组成**数据域**，最后一个成员 **next** 构成指针域，该指针域是一个指向 struct stu 类型结构体的指针变量。

10.4　链表的基本操作

对链表的主要操作有以下几种。

(1)　链表的建立。

(2)　链表的输出。

(3)　节点的插入。

(4)　节点的删除。

(5)　节点的查找。

下面通过例题来简单说明建立单向链表的操作。

例 10.5　编写一个建立单向链表的函数 create_list，该函数的功能是：建立一个包含 n 个数据节点的单向链表。该链表中存放着 n 名学生的相关数据。为简单起见，假定每名学生数据节点的数据域中只包含学号和年龄两项。

【代码】

```
#include<stdio.h>
#include <malloc.h>
#define STU struct stu
struct stu
{
```

```
    int num;
    int age;
    struct stu *next;
};
STU *create_list(int n)
{
    STU *head,*tail,*p;
    int i;
    for(i=0;i<n;i++)
    {
        p=(STU *) malloc(sizeof (STU));
        printf("input Number and Age\n");
        scanf("%d%d",&p->num,&p->age);
        if(i==0)
            tail=head=p;
        else
            tail->next=p;
        p->next=NULL;
        tail=p;                /*令最新产生的节点 p 作为尾节点，由 tail 指向*/
    }
    return(head);
}
```

📑 说明：

● 在函数 create_list 外首先用**宏定义一个符号常量 STU**，令其代表字符串 **struct stu**。

● 定义结构体类型 **struct stu 为全局类型**，程序中的各个函数均可使用该类型。

● **create_list** 函数用于建立一个具有 n 个数据节点的链表，它是一个指针函数，即它的返回值是一个指针变量，该指针变量指向一个 struct stu 型的结构体。

● 在 create_list 函数内定义了 3 个 struct stu 结构体的指针变量。**head** 为头指针，**tail** 为尾指针(指向当前链表的最后一个数据节点)，**p** 指针变量指向每一次新产生的数据节点。

例 10.6　编写一个输出单向链表中所有数据节点的值的函数 show_list(head)，并在主函数中调用它。

【代码】

```
#include<stdio.h>
#include <malloc.h>
#define STU struct stu
struct stu
{
    int num;
    int age;
    struct stu *next;
};
```

```
void show_list(STU *head)
{
    STU *p=head;
    while(p!=NULL)
    {
        printf("%d  %d",p->num,p->age);
        p=p->next;
    }
}
```

说明：

- show_list 函数没有返回值，它有一个形式参数，是已经建好的单向链表 head。
- 在 show_list 函数内定义了一个指针变量 p，指链表的头，p 从链表头开始一个节点一个节点向后移动并输出当前 p 指向节点的值，如果 p 已经移出了单向链表（p=NULL），则停止输出。

例 10.7　编写一个查找并输出单向链表中某个数据节点的值的函数 search_list。被查找的链表是例 10.5 中已经建好的单向链表。

【代码】

```
#include<stdio.h>
#include <malloc.h>
#define STU struct stu
struct stu
{
    int num;
    int age;
    struct stu *next;
};
void search_list(STU * head,int num)    /* num 为被查找的学生的学号 */
{
    STU * p=head;
    while(p->num!=num && p!=NULL)
    {
        p=p->next;
    }
    if(p!=NULL)
    {
        printf("\n\n\n\t  %3d  %3d",p->num,p->age);
    }
    else
    {
        printf("\n\n\n\t  not found");
    }
}
```

📝 说明：

- **search_list** 函数没有返回值，它有两个形式参数，一个是**已经建好的单向链表 head**，另一个是**待查找的学生的学号 num**。

- 在 search_list 函数内定义了一个可以移动的指针变量 p，p 从链表的头开始一个节点一个节点地向后移动，如果某个节点的学号值刚好等于所要找的 num 值，则 p 停止移动。如果 p 已经移出了单向链表(p==NULL)，则可以得出查找失败的结论。

例 10.8　编写一个在已知的单向链表的 p 节点后插入节点 q 的函数 insert_list。已知的链表是例 10.5 中已经建好的单向链表。

【代码】

```
#include<stdio.h>
#include <malloc.h>
#define STU struct stu
struct stu
{
    int num;
    int age;
    struct stu *next;
};
void insert_list(STU *p, STU *q)
{
    q->next=p->next;
    p->next=q;
}
```

📝 说明：

- **insert_list** 函数没有返回值。
- **形式参数 p** 指向已经建好的单向链表中的某个节点，**形式参数 q** 指向待插入的节点。
- **函数体中只有两条语句，其顺序不可颠倒。**

例 10.9　编写一个在已知的单向链表的 p 节点后删除节点 q 的函数 delete_list。链表是例 10.5 中已经建好的单向链表。

【代码】

```
#include<stdio.h>
#include <malloc.h>
#define STU struct stu
struct stu
{
    int num;
    int age;
    struct stu *next;
};
```

```
void delete_list(STU *p)
{
    STU *q;
    q=p->next;
    p->next=q->next;
    free(q);
}
```

📄 说明：

- **delete_list** 函数没有返回值。
- 其形式参数 **p** 指向已经建好的单向链表中的某个节点。
- 函数体内定义了指针变量 q，q 指向了 p 后面的待删除的节点。
- 语句 free(q);起到了释放已删除节点所占用空间的作用。

习 题 10

一、单项选择题

1. 以下语句正确的是(　　)。

   A.　struct date

   　　{ int year, month, day;}a, *p=a;

   B.　struct date

   　　{ int year, month, day;}a;

   　　struct data p=&a

   C.　struct date

   　　{ int year, month, day;}a, *p=&a;

   D.　struct date

   　　{ int year, month, day;}a, *p;

   　　p=a;

2. 已知指针 p 指向结构体：

```
struct s
{
    int x;
    char c;
    char s[20];
}
```

   类型的变量 a，则以下语句不正确的是(　　)。

   A.　scanf("%d",&a.x);　　　　　　　B.　printf("%s",p->s);

   C.　printf("%c",p.c);　　　　　　　D.　(*p).x=10;

3. 已知:

```
typedef struct
{
    int array[5];
    int age;
}Node;
Node *p,a[5];
p=a;
```

则以下语句正确的是(   )。

A. p=&a[1];   B. (*p).array=10;

C. p->age=10.0;   D. printf("%d",p->a[0]);

4. 设 struct {int a; char b; } Q, *p=&Q;错误的表达式是(   )。

A. Q.a   B. (*p).b   C. p->a   D. *p.b

5. 在 16 位 PC 机中,若有定义: struct data { int i ; char ch; double f; } b ,*p=&b;,则指针变量 p 占用内存的字节数是(   )。

A. 1   B. 2   C. 8   D. 11

二、判断题

1. 指向结构体的指针变量的字节数等于其指向的结构体各成员字节数之和。   (   )

2. 通过指向结构体的指针变量 p 访问其结构体成员的方法可以为 p.成员名。   (   )

3. 单向链表中,q->next=p->next; 和 p->next=q;两条语句可以实现将 q 指向的节点插入到 p 指向节点之后。   (   )

4. 最后一个节点因无后续节点连接,其指针域可赋为 0。   (   )

5. 结构体类型只能描述一种结构体形式,编译系统并不为它分配内存空间。   (   )

三、程序填空题

1. 删除单向链表节点 p 后面的一个节点。

```
void delete_list(STU *p)
{
    STU *q;
    _____
    _____
    free(q);
}
```

2. 在单向链表节点 p 后面插入一个节点 q。

```
void insert_list(STU *p, STU *q)
{
    _____
    _____
}
```

3. 输出单向链表所有节点的值。

```
void show_list(STU *head)
{
    STU *p=head;
    while(_____)
    {
        printf("%d  %d",p->num,p->age);
        p=p->next;
    }
}
```

4. 动态分配一块内存区域，用于存储一名学生的相关数据。

```
#include<stdio.h>
#include <malloc.h>
struct stu
{
    int num;
    char *name;
    char sex;
    int age;
};
int main()
{
    struct stu *p;
    _____
    p->num=1001;
    p->name="wangnan";
    p->sex='M';
    p-> age =19;
    printf("Number=%d\tName=%s\n",p->num,p->name);
    printf("Sex=%c\tAge=%5d\n",p->sex,p->age);
    _____
    return 0;
}
```

四、编程题

1. 编写函数 struct node *reverse(struct node *head)，将链表按原始序列的逆序排列。

2. 编写函数创建一个整数链表，当输入的数为 0 时，建立链表结束。要求链表的建立按照先输入的数据排列在后的顺序。用主函数验证，并输出。

3. 编写函数 int add(struct node *head)，求链表中所有节点数据之和。

4. 已知一个链表中存储了若干名学生的信息，每名学生的信息包括学号、英语成绩、数学成绩、计算机成绩。编写一个函数 void search(struct node *head ,int num)，要求根据学号输出该学生的各科成绩。

5. 编写函数 struct node *create(int n)，实现依次输入 10 个整数，建立一个整数链表，并在主函数中调用它。

6. 工资单处理。

(1) 编写函数，有两个单向链表，头指针分别为 list1、list2，链表中每一个节点包含员工号(员工号为关键字段，不可重复)、姓名、工资基本信息，请编一函数，把两个链表拼组成一个链表，并返回拼组后的新链表，按员工号升序排列。

(2) 编写函数，利用指针数组，实现按照工资进行升序排列的功能。返回排序完成的指针数组。

(3) 编写一个程序，分别输出按员工号排序后的新链表，以及按照工资排序的结果。

假设链表 list1 初始化内容为：

{002, name002,3000}, {005, name005,2500}, {003, name003,3500}

链表 list2 初始化内容为：

{006, name006,2800}, {004, name004,3700}, {001, name001,3000},
{007,name007, 3600},

7. 单向链表练习。

设节点结构：学号、姓名、后继节点指针。

链表结构：head。

要求程序实现以下功能：

(1) 链表生成。键盘输入学生信息，建立一个节点按学号递增有序的单链表 A={a1,a2,…,an}，比如包含 5～10 条记录，假设输入的学号依次为 2010002、2010005、2010009、2010007、2010003、2010000，姓名自己随便定义。

(2) 节点计数。对单链表 A={a1,a2,…,an}编写节点计数函数 f，求单链表中的节点个数。主函数调用节点计数函数 f，并将其返回值(整数)显示到屏幕。

(3) 对单链表 A={a1,a2,…,an}编写函数 fv，将它倒序为 A={an,an-1,…,a1}。

(4) 编写输出单链表函数 list。每次操作(插入一个新节点或者倒序)之后，调用函数 list，在屏幕上显示链表的全部记录数据。

(5) 编写一个函数 search，输入学号，检索链表 A，如果指定学号记录存在，则返回指向该节点的指针，主函数打印记录信息。若学生记录不存在，则返回空指针，主函数给出检索失败的信息。

第11章

文　件

本章介绍 C 语言文件的基本类型以及相关操作。

学习目标

本章要求掌握文件的打开、关闭，了解数据写入文件和从文件中读取的操作以及文件指针的定位，理解 ASCII 文件与二进制文件的不同特点。

本章要点

- C 文件概述
- 文件指针
- 文件的打开与关闭
- 文件的读写
- 文件的随机读写
- 文件检测函数
- C 库文件

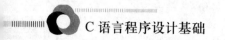

11.1   C 文件概述

"文件"是指一组相关数据的有序集合。这个数据集有一个名称，叫作文件名。实际上在前面的各章中已经多次使用了文件，如**源程序文件、目标文件、可执行文件、库文件(头文件)**等。

文件通常是驻留在外部介质(如磁盘等)上的，使用时才调入内存中。从不同的角度可对文件作不同的分类。

(1) 从用户的角度看，文件可分为普通文件和设备文件两种。

普通文件是指驻留在磁盘或其他外部介质上的一个**有序数据集**，可以是源文件、目标文件、可执行程序；也可以是一组待输入处理的原始数据，或者是一组输出的结果。对于源文件、目标文件、可执行程序可以称为**程序文件**，对输入输出数据可称为**数据文件**。

设备文件是指与主机相连的各种外部设备，如显示器、打印机、键盘等。**在操作系统中，把外部设备也看作文件来进行管理**，把它们的输入、输出等同于对磁盘文件的读和写。

通常把**显示器**定义为**标准输出文件**，一般情况下在屏幕上显示有关信息就是向标准输出文件输出，如前面经常使用的 printf、putchar 函数就是这类输出文件。

键盘通常被指定为**标准的输入文件**，从键盘上输入就意味着从标准输入文件上输入数据，scanf、getchar 函数就属于这类输入文件。

(2) 从文件编码的方式来看，文件可分为 ASCII 码文件和二进制码文件两种。

ASCII 码文件也称为**文本文件**，这种文件在磁盘中存放时**每个字符**对应 **1 字节**，用于存放对应的 ASCII 码。例如，数 5678 的存储形式为：

ASCII 码：　　　　 00110101　00110110　00110111　00111000

　　　　　　　　　　　↓　　　　↓　　　　↓　　　　↓

十进制码：　　　　　 5　　　　6　　　　7　　　　8

共占用 4 字节。

ASCII 码文件可在屏幕上按字符显示，如源程序文件就是 ASCII 文件，**用 DOS 命令 TYPE 可显示文件的内容**。由于是按字符显示，因此能读懂文件内容。

二进制文件是按二进制的编码方式来存放文件的。

例如，数 5678 的存储形式为：

00010110　00101110

只占 2 字节。二进制文件虽然也可在屏幕上显示，但其内容无法读懂。C 系统在处理这些文件时，并不区分类型，**都看成是字符流，按字节进行处理**。

输入输出字符流的开始和结束只由程序控制而不受物理符号(如回车符)的控制。 因此也把这种文件称为**"流式文件"**。

本章讨论流式文件的打开、关闭、读、写、定位等各种操作。

11.2　文　件　指　针

在 C 语言中用一个**指针变量**指向一个文件，这个指针称为**文件指针**。通过文件指针就可以对它所指的文件进行各种操作。

定义说明文件指针的一般形式为：

```
FILE *指针变量标识符;
```

其中 FILE 应为大写，它实际上是**由系统定义的一个结构体类型**，该结构体中含有文件名、文件状态和文件当前位置等信息。在编写源程序时不必关心 FILE 结构体的细节。

例如：

```
FILE *fp;
```

表示 **fp 是指向 FILE 结构体的指针变量**，通过 fp 即可找到存放某个文件信息的结构体变量，然后按结构体变量提供的信息找到该文件，实施对文件的操作。习惯上也笼统地把 **fp 称为指向一个文件的指针**。

11.3　文件的打开与关闭

文件在进行读写操作之前要先打开，使用完毕要关闭。打开文件，实际上是建立文件的各种有关信息，并使文件指针指向该文件，以便进行其他操作。关闭文件则断开指针与文件之间的联系，也就禁止再对该文件进行操作。

在 C 语言中，文件操作都是由库函数来完成的。在本章内将介绍主要的文件操作函数。

11.3.1　文件的打开函数(fopen 函数)

fopen 函数用来打开一个文件，其调用的一般形式为：

```
文件指针名=fopen(文件名,使用文件方式);
```

其中各部分的含义说明如下：

- "文件指针名"必须是被说明为 FILE 类型的指针变量。
- "文件名"是被打开文件的文件名，可以是字符串常量或字符串数组。
- "使用文件方式"是指文件的类型和操作要求。

例如：

```
FILE *fp;
fp=("file_a","r");                        //相对地址
```

其意义是在当前目录下打开文件 **file_a**，只允许进行"读"操作，使 fp 指向该文件。

又如：

```
FILE *fpbin;
fpbin=("c:\\file1","rb");                //绝对地址
```

其意义是打开 C 磁盘根目录下的文件 file1，这是一个二进制文件，只允许**按二进制方式进行读操作**。两个反斜线"\\"中的第一个表示转义字符，第二个表示根目录。

使用文件的方式共有 12 种，表 11.1 给出了它们的使用方式和意义。

表 11.1　文件使用方式及意义说明

文件使用方式	意　义
"rt"	只读打开一个文本文件，只允许读数据
"wt"	只写打开或建立一个文本文件，只允许写数据
"at"	追加打开一个文本文件，并在文件末尾写数据
"rb"	只读打开一个二进制文件，只允许读数据
"wb"	只写打开或建立一个二进制文件，只允许写数据
"ab"	追加打开一个二进制文件，并在文件末尾写数据
"rt+"	读写打开一个文本文件，允许读和写
"wt+"	读写打开或建立一个文本文件，允许读写
"at+"	读写打开一个文本文件，允许读，或在文件末尾追加数据
"rb+"	读写打开一个二进制文件，允许读和写
"wb+"	读写打开或建立一个二进制文件，允许读和写
"ab+"	读写打开一个二进制文件，允许读，或在文件末尾追加数据

对于文件使用方式有以下几点说明。

(1)　文件使用方式由 r、w、a、t、b 和+这 6 个字符拼成，各字符的含义如下。

r(read)：读。

w(write)：写。

a(append)：追加。

t(text)：文本文件，可省略不写。

b(binary)：二进制文件。

+：读和写。

(2)　凡用"**r**"打开一个文件时，该文件必须已经存在，且只能从该文件读出。

(3)　用"**w**"打开的文件只能向该文件写入。若打开的文件不存在，则以指定的文件名建立该文件；若打开的文件已经存在，则将该文件删去，重建一个新文件。

(4)　若要向一个已存在的文件追加新的信息，只能用"**a**"方式打开文件。但此时该文件必须是存在的，否则将会出错。

(5)　在打开一个文件时，**如果出错，fopen 将返回一个空指针值 NULL**。在程序中可以用这一信息来判断是否完成打开文件的工作，并做相应的处理。**常用以下程序段打开文件：**

```
if((fp=fopen("c:\\file1","rb")==NULL)
{
    printf("\nerror on open c:\\file1 file!");
    getchar();
    exit(1);
}
```

这段程序的意义是，如果返回的指针为空，表示不能打开 C 盘根目录下的 file1 文件，则给出提示信息"nerror on open c:\file1 file!"，下一行 **getchar()** 的功能是从键盘输入一个字符，但不在屏幕上显示。在这里，该行的**作用是等待**，只有当用户从键盘按任一键时，程序才继续执行，因此用户可利用这个等待时间阅读出错提示。按键后执行 exit(1) 退出程序。

(6) 把一个文本文件读入内存时，要将 ASCII 码转换成二进制码，而把文件以文本方式写入磁盘时，也要把二进制码转换成 ASCII 码，因此文本文件的读写要花费较多的转换时间。对二进制文件的读写不存在这种转换。

(7) 标准输入文件(键盘)、标准输出文件(显示器)和标准出错输出(出错信息)都是由系统自动打开的，可以直接使用。

11.3.2　文件关闭函数(fclose 函数)

文件一旦使用完毕，应用关闭文件函数把文件关闭，以避免文件的数据丢失等错误。
fclose 函数调用的一般形式为：

```
fclose(文件指针);
```

例如：

```
fclose(fp);
```

正常完成关闭文件操作时，**fclose 函数返回值为 0**。如果返回非零值，则表示有错误发生。

11.4　文件的读写

对文件的读和写是最常用的文件操作。在 C 语言中提供了多种文件读写的函数。
- 字符读写函数：fgetc()和 fputc()。
- 字符串读写函数：fgets()和 fputs()。
- 数据块读写函数：fread()和 fwrite()。
- 格式化读写函数：fscanf()和 fprinf()。

下面分别予以介绍。使用以上函数都要求包含头文件 stdio.h。

11.4.1　字符读写函数 fgetc 和 fputc

字符读写函数是以字符(字节)为单位的读写函数。每次可以从文件读出或向文件写入一个字符。

1. 读字符函数 fgetc

fgetc 函数的功能是从指定的文件中读取一个字符，函数调用的形式为：

```
字符变量=fgetc(文件指针);
```

例如：

```
ch=fgetc(fp);
```

其意义是从打开的文件 fp 中读取一个字符并送入 ch 中。

对于 fgetc 函数的使用有以下几点说明。

(1) 在 fgetc 函数调用中，读取的文件必须是以读或读写方式打开的。

(2) 读取字符的结果也可以不向字符变量赋值，如 fgetc(fp);，但是读出的字符不能保存。

(3) 在文件内部有一个位置指针，用来指向文件的当前读写字节。在文件打开时，该指针总是指向文件的第一字节。使用 fgetc 函数后，该位置指针将向后移动一字节。因此可连续多次使用 fgetc 函数，读取多个字符。应注意文件指针和文件内部的位置指针不是一回事。文件指针是指向整个文件的，须在程序中定义说明，只要不重新赋值，文件指针的值是不变的。文件内部的位置指针用以指示文件内部的当前读写位置，每读写一次，该指针均向后移动，它不需在程序中定义说明，而是由系统自动设置的。

例 11.1 读入文件 file1.txt，并在屏幕上输出。

【代码】

```
#include<stdio.h>
#include<stdlib.h>
int main( )
{
    FILE *fp;
    char ch;
    if((fp=fopen("d:\\example\\file1.txt","rt"))==NULL)
    {
        printf("\nCannot open file strike any key exit!");
        getchar();
        exit(1);
    }
    ch=fgetc(fp);                                   //①
    while(ch!=EOF)
    {
        putchar(ch);
        ch=fgetc(fp);
    }
    fclose(fp);
    return 0;
}
```

📘 **说明：**　本例程序的功能是从文件中逐个读取字符，并在屏幕上显示。程序定义了文件指针 fp，以读文本文件方式打开文件 "d:\\example\\file1.txt"，并使 fp 指向该文件。如打开文件出错，给出提示并退出程序。程序第①行先读出一个字符，然后进入循环，只要读出的字符不是文件结束标志(每个文件末有一结束标志 EOF)，就把该字符显示在屏幕上，再读入下一字符。每读一次，文件内部的位置指针向后移动一个字符，文件结束时该指针指向 EOF。执行本程序将显示整个文件内容。

2. 写字符函数 fputc

fputc 函数的功能是把一个字符写入指定的文件中，函数调用的形式为：

```
fputc(字符量,文件指针);
```

其中，待写入的字符量可以是字符常量或变量，例如：

```
fputc('a',fp);
```

其意义是把字符 a 写入 fp 所指向的文件中。

对于 fputc 函数的使用也要说明以下几点。

(1)　被写入的文件可以用写、读写、追加方式打开，用写或读写方式打开一个已存在的文件时将清除原有的文件内容，写入字符从文件首开始。如需保留原有文件内容，希望写入的字符以文件末开始存放，必须以追加方式打开文件。被写入的文件若不存在，则创建该文件。

(2)　每写入一个字符，文件内部位置指针向后移动 1 字节。

(3)　fputc 函数有一个返回值，如果写入成功，则返回写入的字符；否则返回一个 EOF。可用此来判断写入是否成功。

例 11.2　从键盘输入一行字符，写入一个文件，再把该文件内容读出显示在屏幕上。

【代码】

```
#include<stdio.h>
#include<stdlib.h>
int main()
{
    FILE *fp;
    char ch;
    if((fp=fopen("d:\\example\\file2","wt+"))==NULL)          //①
    {
        printf("Cannot open file strike any key exit!");
        getchar();
        exit(1);
    }
    printf("input a string:\n");
    ch=getchar();                                             //②
    while (ch!='\n')
    {
```

```
        fputc(ch,fp);
        ch=getchar();
    }
    rewind(fp);                                              //③
    ch=fgetc(fp);                                            //④
    while(ch!=EOF)                                           //⑤
    {                                                        //⑥
        putchar(ch);                                         //⑦
        ch=fgetc(fp);                                        //⑧
    }                                                        //⑨
    printf("\n");
    fclose(fp);
    return 0;
}
```

📖 **说明**： 程序中第①行以读写文本文件方式打开文件 file2。程序第②行从键盘读入一
个字符后进入循环，当读入字符不为回车符时，则把该字符写入文件中，然
后继续从键盘读入下一字符。每输入一个字符，文件内部位置指针向后移动
1 字节。写入完毕，该指针已指向文件末。如要把文件从头读出，须把指针
移向文件头，程序第③行 rewind 函数用于把 fp 所指文件的内部位置指针移
到文件头。第④~⑨行用于读出文件中的一行内容。

例 11.3 把命令行参数中的前一个文件名标识的文件，复制到后一个文件名标识的文
件中，如果命令行中只有一个文件名，则把该文件写到标准输出文件(显示器)中。

【代码】

```
#include<stdio.h>
#include<stdlib.h>
int main(int argc,char *argv[])
{
    FILE *fp1,*fp2;
    char ch;
    if(argc==1)
    {
        printf("have not enter file name strike any key exit");
        getchar();
        exit(0);
    }
    if((fp1=fopen(argv[1],"rt"))==NULL)
    {
        printf("Cannot open %s\n",argv[1]);
        getchar();
        exit(1);
    }
    if(argc==2)      fp2=stdout;                             //①
    else if((fp2=fopen(argv[2],"wt+"))==NULL)
    {
        printf("Cannot open %s\n",argv[1]);
```

```
        getchar();
        exit(1);
    }
    while((ch=fgetc(fp1))!=EOF)                                    //②
        fputc(ch,fp2);                                            //③
    fclose(fp1);
    fclose(fp2);
    return 0;
}
```

📖 **说明：**　本程序为带参的 main 函数。程序中定义了两个文件指针 fp1 和 fp2，分别指向命令行参数中给出的文件。如果命令行参数中没有给出文件名，则给出提示信息。程序第①行表示如果只给出一个文件名，则使 fp2 指向标准输出文件(即显示器)。程序第②行和第③行用循环语句逐个读出文件 1 中的字符再送到文件 2 中。再次运行时，给出了一个文件名，故输出给标准输出文件 stdout，即在显示器上显示文件内容。第三次运行，给出了两个文件名，因此把 string 中的内容读出，写入到文件中。可用 DOS 命令 type 显示文件的内容。

11.4.2　字符串读写函数 fgets 和 fputs

1. 读字符串函数 fgets

函数的功能是从指定的文件中读取一个字符串到字符数组中，函数调用的形式为：

```
fgets(字符数组名,n,文件指针);
```

其中的 n 是一个正整数。表示从文件中读出的字符串不超过 n-1 个字符。在读出的最后一个字符后加上串结束标志'\0'。

例如：

```
fgets(str,n,fp);
```

意义是从 fp 所指的文件中读取 n-1 个字符送入字符数组 str 中。

例 11.4　从 string 文件中读取一个含 10 个字符的字符串。

【代码】

```
#include<stdio.h>
#include<stdlib.h>
int main()
{
    FILE *fp;
    char str[11];
    if((fp=fopen("d:\\example\\string","rt"))==NULL)
    {
        printf("\nCannot open file strike any key exit!");
        getchar();
```

```
        exit(1);
    }
    fgets(str,11,fp);
    printf("\n%s\n",str);
    fclose(fp);
    return 0;
}
```

📖 **说明：** 本例定义了一个字符数组 str 共 11 字节，在以读文本文件方式打开文件 string 后，从中读出 10 个字符送入 str 数组，在数组最后一个单元内将加上 '\0'，然后在屏幕上显示输出 str 数组。输出的 10 个字符正是例 11.1 程序的前 10 个字符。对 fgets 函数有以下两点说明。

(1) 在读出 n-1 个字符之前，如果遇到了换行符或 EOF，则读出结束。

(2) fgets 函数也有返回值，其返回值是字符数组的首地址。

2. 写字符串函数 fputs

fputs 函数的功能是向指定的文件写入一个字符串，其调用形式为：

```
fputs(字符串,文件指针);
```

其中字符串可以是字符串常量，也可以是字符数组名或指针变量，例如：

```
fputs("abcd",fp);
```

其意义是把字符串"abcd"写入 fp 所指的文件中。

例 **11.5** 在例 11.2 中建立的文件 file2 中追加一个字符串。

【代码】

```
#include <stdio.h>
#include <stdlib.h>
int main()
{
    FILE *fp;
    char ch,st[20];
    if((fp=fopen("d:\\example\\file2","at+"))==NULL)      //①
    {
        printf("Cannot open file strike any key exit!");
        getchar();
        exit(1);
    }
    printf("input a string:\n");
    scanf("%s",st);
    fputs(st,fp);
    rewind(fp);                                           //②
    ch=fgetc(fp);
    while(ch!=EOF)
    {
        putchar(ch);
        ch=fgetc(fp);
```

```
    }
    printf("\n");
    fclose(fp);
    return 0;
}
```

📖 **说明：**　本例要求在 file2 文件末加写字符串，因此，在程序第①行以追加读写文本
文件的方式打开文件 file2。然后输入字符串，并用 fputs 函数把该串写入文
件 file2。在程序第②行用 rewind 函数把文件内部位置指针移到文件首。再
进入循环逐个显示当前文件中的全部内容。

11.4.3　数据块读写函数 fread 和 fwrite

C 语言还提供了用于整块数据的读写函数。可用来读写一组数据，如一个数组元素、
一个结构体变量的值等。

读数据块函数调用的一般形式为：

```
fread(buffer,size,count,fp);
```

写数据块函数调用的一般形式为：

```
fwrite(buffer,size,count,fp);
```

其中的参数说明如下。

● buffer 是一个指针，在 fread 函数中，它表示存放输入数据的首地址。在 fwrite 函
数中，它表示存放输出数据的首地址。

● size 表示数据块的字节数。

● count 表示要读写的数据块块数。

● fp 表示文件指针。

例如：

```
fread(fa,4,5,fp);
```

其意义是从 fp 所指的文件中，每次读 4 字节(一个实数)送入实数组 fa 中，连续读 5
次，即读 5 个实数到 fa 中。

例 11.6　从键盘输入两名学生的数据，写入一个文件中，再读出这两名学生的数据显
示在屏幕上。

【代码】

```
#include<stdio.h>
#include<stdlib.h>
struct stu
{
    char name[10];
    int num;
    int age;
```

```
    char addr[15];
}studenta[2],studentb[2],*pp,*qq;
int main()
{
    FILE *fp;
    char ch;
    int i;
    pp=studenta;
    qq=studentb;
    if((fp=fopen("d:\\example\\stu_list","wb+"))==NULL)            //①
    {
        printf("Cannot open file strike any key exit!");
        getchar();
        exit(1);
    }
    printf("\ninput data\n");
    for(i=0;i<2;i++,pp++)
    {
        scanf("%s%d%d%s",pp->name,&pp->num,&pp->age,pp->addr);
    }
    pp=studenta;
    fwrite(pp,sizeof(struct stu),2,fp);
    rewind(fp);
    fread(qq,sizeof(struct stu),2,fp);
    printf("\n\nname\tnumber      age       addr\n");
    for(i=0;i<2;i++,qq++)
    {
        printf("%s\t%5d%7d      %s\n",qq->name,qq->num,qq->age,qq->addr);
    }
    fclose(fp);
    return 0;
}
```

📖 **说明：** 本例程序定义了一个结构体 stu，说明了两个结构体数组 studenta 和 studentb 以及两个结构体指针变量 pp 和 qq。pp 指向 studenta，qq 指向 studentb。程序第①行以读写方式打开二进制文件 "stu_list"，输入两名学生的数据之后，写入该文件中，然后把文件内部位置指针移到文件首，读出两名学生数据后，在屏幕上显示。

11.4.4 格式化读写函数 fscanf 和 fprintf

fscanf 函数、fprintf 函数与前面使用的 scanf 和 printf 函数的功能相似，都是格式化读写函数。两者的区别在于 fscanf 函数和 fprintf 函数的读写对象不是键盘和显示器，而是磁盘文件。

这两个函数的调用格式为：

```
fscanf(文件指针,格式字符串,输入表列);
fprintf(文件指针,格式字符串,输出表列);
```

例如：

```
fscanf(fp,"%d%s",&i,s);
fprintf(fp,"%d%c",j,ch);
```

用 fscanf 和 fprintf 函数也可以完成例 11.6 的问题。修改后的程序如例 11.7 所示。

例 11.7　用 fscanf 和 fprintf 函数完成例 11.6 的问题。

【代码】

```
#include<stdio.h>
#include<stdlib.h>
struct stu
{
    char name[10];
    int num;
    int age;
    char addr[15];
}studenta[2],studentb[2],*pp,*qq;
int main()
{
    FILE *fp;
    char ch;
    int i;
    pp=studenta;
    qq=studentb;
    if((fp=fopen("stu_list","wb+"))==NULL)
    {
        printf("Cannot open file strike any key exit!");
        getchar();
        exit(1);
    }
    printf("\ninput data\n");
    for(i=0;i<2;i++,pp++)
    {
        scanf("%s%d%d%s",pp->name,&pp->num,&pp->age,pp->addr);
    }
    pp=studenta;                                        //①
    for(i=0;i<2;i++,pp++)
    {
        fprintf(fp,"%s %d %d %s\n",pp->name,pp->num,pp->age,pp->addr);
    }
    rewind(fp);
    for(i=0;i<2;i++,qq++)
    {
        fscanf(fp,"%s %d %d %s\n",qq->name,&qq->num,&qq->age,qq->addr);
    }
    printf("\n\nname\tnumber     age     addr\n");
    qq=studentb;                                        //②
    for(i=0;i<2;i++,qq++)
    {
```

```
        printf("%s\t%5d%8d%10s\n",qq->name,qq->num, qq->age,qq->addr);
    }
    fclose(fp);
return 0;
}
```

📇 **说明：** 与例 11.6 相比，本程序中 fscanf 和 fprintf 函数每次只能读写一个结构体数组元素，因此采用了循环语句来读写全部数组元素。还要注意指针变量 pp、qq 由于循环改变了它们的值，因此在程序的第①行和第②行分别对它们重新赋予了数组的首地址。

11.5 文件的随机读写

前面介绍的对文件的读写方式都是**顺序读写**，即读写文件只能从头开始，顺序读写各个数据。但在实际问题中常要求只读写文件中某一指定的部分。为了解决这个问题，**可移动文件内部的位置指针到需要读写的位置，再进行读写，这种读写称为随机读写。**

实现随机读写的关键是要按要求移动位置指针，这称为文件的**定位**。

11.5.1 文件定位

移动文件内部位置指针的函数主要有两个，即 rewind 函数和 fseek 函数。

rewind 函数前面已多次使用过，其调用形式为：

`rewind(文件指针);`

它的功能是把文件内部的位置指针移到文件首。

fseek 函数用来移动文件内部位置指针，其调用形式为：

`fseek(文件指针,位移量,起始点);`

其中的参数说明如下。

- "文件指针"指向被移动的文件。
- "位移量"表示移动的字节数，要求位移量是 long 型数据，以便在文件长度大于 64KB 时不会出错。当用常量表示位移量时，要求加后缀"L"。
- "起始点"表示从何处开始计算位移量，规定的起始点有 3 种，即文件首、当前位置和文件尾。其表示方法如表 11.2 所示。

表 11.2 文件定位"起始点"的表示方法

起 始 点	表示符号	数字表示
文件首	SEEK_SET	0
当前位置	SEEK_CUR	1
文件末尾	SEEK_END	2

例如：

```
fseek(fp,100L,0);
```

其意义是把位置指针移到离文件首 100 字节处。

还要说明的是 **fseek** 函数一般用于二进制文件。在文本文件中由于要进行转换，故往往计算的位置会出现错误。

11.5.2　文件的随机读写

在移动位置指针之后，即可用前面介绍的任意一种读写函数进行读写。由于一般是读写一个数据块，因此常用 **fread** 函数和 **fwrite** 函数。

下面用例题来说明文件的随机读写。

例 11.8　在学生文件 stu_list 中读出第二名学生的数据。

【代码】

```
#include<stdio.h>
#include<stdlib.h>
struct stu
{
    char name[10];
    int num;
    int age;
    char addr[15];
}student,*qq;
int main()
{
    FILE *fp;
    char ch;
    int i=1;
    qq=&student;
    if((fp=fopen("d:\\example\\stu_list","rb"))==NULL)
    {
        printf("Cannot open file strike any key exit!");
        getchar();
        exit(1);
    }
    rewind(fp);
    fseek(fp,i*sizeof(struct stu),0);                    //①
    fread(qq,sizeof(struct stu),1,fp);
    printf("\n\nname\tnumber     age       addr\n");
    printf("%s\t%5d  %7d       %s\n",qq->name,qq->num,qq->age,
        qq->addr);
    printf("\n");
    return 0;
}
```

📄 **说明：** 文件 stu_list 已由例 11.6 的程序建立，本程序用随机读出的方法读出第二名学生的数据。程序中定义 student 为 stu 类型变量，qq 为指向 student 的指针。以读二进制文件方式打开文件，程序第①行移动文件位置指针。其中的 i 值为 1，表示从文件头开始，移动一个 stu 类型的长度，然后再读出的数据即为第二名学生的数据。

11.6　文件检测函数

C 语言中常用的文件检测函数有以下几个。

11.6.1　文件结束检测函数 feof()

feof 函数的调用格式为：

```
feof(文件指针);
```

功能：判断文件是否处于文件结束位置，如果文件结束，则返回值为 1；否则为 0。

11.6.2　读写文件出错检测函数 ferror()

ferror 函数的调用格式为：

```
ferror(文件指针);
```

功能：检查文件在用各种输入输出函数进行读写时是否出错。如果 ferror 返回值为 0，表示未出错；否则表示有错。

11.6.3　文件出错标志和文件结束标志置 0 函数 clearerr()

clearerr 函数的调用格式为：

```
clearerr(文件指针);
```

功能：本函数用于清除出错标志和文件结束标志，使它们为 0 值。

11.7　C 库文件

C 系统提供了丰富的系统文件，称为库文件，C 的库文件分为两类，一类是扩展名为 ".h" 的文件，称为头文件，在前面的包含命令中已多次使用过。在 ".h" 文件中包含了常量定义、类型定义、宏定义、函数原型以及各种编译选择设置等信息。另一类是函数库，包括了各种函数的目标代码，供用户在程序中调用。通常在程序中调用一个库函数时，要在调用之前包含该函数原型所在的 ".h" 文件。

下面给出 Turbo C 的全部 ".h" 文件。

Turbo C 头文件如下。

- ALLOC.H　　　　说明内存管理函数(分配、释放等)。
- ASSERT.H　　　　定义 assert 调试宏。
- BIOS.H　　　　说明调用 IBM-PC ROM BIOS 子程序的各个函数。
- CONIO.H　　　　说明调用 DOS 控制台 I/O 子程序的各个函数。
- CTYPE.H　　　　包含有关字符分类及转换的各类信息(如 isalpha 和 toascii 等)。
- DIR.H　　　　　包含有关目录和路径的结构体、宏定义和函数。
- DOS.H　　　　　定义和说明 MSDOS 和 8086 调用的一些常量和函数。
- ERRON.H　　　　定义错误代码的助记符。
- FCNTL.H　　　　定义在与 open 库子程序连接时的符号常量。
- FLOAT.H　　　　包含有关浮点运算的一些参数和函数。
- GRAPHICS.H　　说明有关图形功能的各个函数，图形错误代码的常量定义，针对不同驱动程序的各种颜色值，及函数用到的一些特殊结构体。
- IO.H　　　　　包含低级 I/O 子程序的结构体和说明。
- LIMIT.H　　　　包含各环境参数、编译时间限制、数的范围等信息。
- MATH.H　　　　说明数学运算函数，还定义了 HUGE VAL 宏，说明了 matherr 和 matherr 子程序用到的特殊结构体。
- MEM.H　　　　说明一些内存操作函数(其中大多数也在 STRING.H 中说明)。
- PROCESS.H　　说明进程管理的各个函数，spawn…和 EXEC…函数的结构体说明。
- SETJMP.H　　　定义 longjmp 和 setjmp 函数用到的 jmp buf 类型，说明这两个函数。
- SHARE.H　　　　定义文件共享函数的参数。
- SIGNAL.H　　　定义 SIG[ZZ(Z]　[ZZ)]IGN 和 SIG[ZZ(Z]　[ZZ)]DFL 常量，说明 rajse 和 signal 两个函数。
- STDARG.H　　　定义读函数参数表的宏(如 vprintf、vscarf 函数)。
- STDDEF.H　　　定义一些公共数据类型和宏。
- STDIO.H　　　　定义 Kernighan 和 Ritchie 在 Unix System V 中定义的标准和扩展的类型和宏。还定义标准 I/O 预定义流，即 stdin、stdout 和 stderr，说明 I/O 流子程序。
- STDLIB.H　　　说明一些常用的子程序，如转换子程序、搜索/排序子程序等。
- STRING.H　　　说明一些串操作和内存操作函数。
- SYS\STAT.H　　定义在打开和创建文件时用到的一些符号常量。
- SYS\TYPES.H　说明 ftime 函数和 timeb 结构体。
- SYS\TIME.H　　定义时间的类型 time[ZZ(Z]　[ZZ)]t。
- TIME.H　　　　定义时间转换子程序 asctime、localtime 和 gmtime 的结构体，ctime、difftime、gmtime、localtime 和 stime 用到的类型，并提供这些函数的原型。

- VALUE.H　　　定义一些重要常量，包括依赖于机器硬件的和与 Unix System V 相兼容而说明的一些常量，包括浮点和双精度值的范围。

习　题　11

一、单项选择题

1. 系统的标准输入文件是指(　　)。

　　A. 键盘　　　　　　B. 显示器　　　　　C. 软盘　　　　　　D. 硬盘

2. 若执行 fopen 函数时发生错误，则函数的返回值是(　　)。

　　A. 地址值　　　　　B. 0　　　　　　　　C. 1　　　　　　　　D. EOF

3. 若要用 fopen 函数打开一个新的二进制文件，该文件要既能读也能写，则文件方式字符串应是(　　)。

　　A. "ab+"　　　　　　B. "wb+"　　　　　　C. "rb+"　　　　　　D. "ab"

4. fscanf 函数的正确调用形式是(　　)。

　　A. fscanf(fp,格式字符串,输出表列)

　　B. fscanf(格式字符串,输出表列,fp);

　　C. fscanf(格式字符串,文件指针,输出表列);

　　D. fscanf(文件指针,格式字符串,输入表列);

5. fgetc 函数的作用是从指定文件读取一个字符，该文件的打开方式必须是(　　)。

　　A. 只写　　　　　　B. 追加　　　　　　C. 读或读写　　　D. 答案 B 和 C 都正确

6. 函数调用语句 fseek(fp,-20L,2);的含义是(　　)。

　　A. 将文件位置指针移到距离文件头 20 字节处

　　B. 将文件位置指针从当前位置向后移动 20 字节

　　C. 将文件位置指针从文件末尾处后退 20 字节

　　D. 将文件位置指针移到离当前位置 20 字节处

7. 利用 fseek 函数可实现的操作是(　　)。

　　A. fseek(文件类型指针，起始点，位移量);

　　B. fseek(fp,位移量,起始点)；

　　C. fseek(位移量，起始点,fp);

　　D. fseek(起始点,位移量,文件类型指针);

8. 在执行 fopen 函数时，ferror 函数的初值是(　　)。

　　A. TRUE　　　　　　B. -1　　　　　　　　C. 1　　　　　　　　D. 0

9. fseek 函数的正确调用形式是(　　)。

　　A. fseek(文件指针,起始点,位移量)　　　B. fseek(文件指针,位移量,起始点)

　　C. fseek(位移量,起始点,文件指针)　　　D. fseek(起始点,位移量,文件指针)

10. 若 fp 是指向某文件的指针，且已读到文件末尾，则函数 feof(fp)的返回值是(　　)。

　　A. EOF　　　　　　B. 0　　　　　　　C. 非 0 值　　　　　　D. NULL

11. 下列关于 C 语言数据文件的叙述中，正确的是(　　)。

　　A. 文件由 ASCII 码字符序列组成，C 语言只能读写文本文件

　　B. 文件由二进制数据序列组成，C 语言只能读写二进制文件

　　C. 文件由记录序列组成，可按数据的存放形式分为二进制文件和文本文件

　　D. 文件由数据流形式组成，可按数据的存放形式分为二进制文件和文本文件

12. 函数 fseek(pf, OL,SEEK_END)中的 SEEK_END 代表的起始点是(　　)。

　　A. 文件开始　　　B. 文件末尾　　　C. 文件当前位置　　　D. 以上都不对

13. C 语言中，能识别处理的文件为(　　)。

　　A. 文本文件和数据块文件　　　　　　B. 文本文件和二进制文件

　　C. 流文件和文本文件　　　　　　　　D. 数据文件和二进制文件

14. 若调用 fputc 函数输出字符成功，则其返回值是(　　)。

　　A. EOF　　　　　　B. 1　　　　　　　C. 0　　　　　　　　D. 输出的字符

15. 已知函数的调用形式 fread(buf,size,count,fp)，参数 buf 的含义是(　　)。

　　A. 一个整型变量，代表要读入的数据项总数

　　B. 一个文件指针，指向要读的文件

　　C. 一个指针，指向要读入数据的存放地址

　　D. 一个存储区，存放要读的数据项

16. 当顺利执行了文件关闭操作时，fclose 函数的返回值是(　　)。

　　A. -1　　　　　　B. TRUE　　　　　C. 0　　　　　　　　D. 1

17. 如果需要打开一个已经存在的非空文件"Demo"进行修改，下面正确的选项是
(　　)。

　　A. fp=fopen("Demo","r");　　　　　B. fp=fopen("Demo","ab+");

　　C. fp=fopen("Demo","w+");　　　　　D. fp=fopen("Demo","r+");

18. 关于文件理解不正确的为(　　)。

　　A. C 语言把文件看作是字节的序列，即由许多字节的数据顺序组成

　　B. 所谓文件一般指存储在外部介质上数据的集合

　　C. 系统自动地在内存区为每一个正在使用的文件开辟一个缓冲区

　　D. 每个打开文件都和文件结构体变量相关联，程序通过该变量访问该文件

19. 关于二进制文件和文本文件描述，正确的为(　　)。

　　A. 文本文件把每一字节存放成一个 ASCII 代码的形式，只能存放字符或字符串
　　　数据

　　B. 二进制文件把内存中的数据按其在内存中的存储形式原样输出到磁盘上存放

　　C. 二进制文件可以节省外存空间和转换时间，不能存放字符形式的数据

　　D. 一般中间结果数据需要暂时保存在外存上，以后又需要输入内存的，常用文
　　　本文件保存

20. 系统的标准输入文件操作的数据流向为(　　)。

A. 从键盘到内存   B. 从显示器到磁盘文件

C. 从硬盘到内存   D. 从内存到 U 盘

21. 利用 fopen (fname, mode)函数实现的操作不正确的为(　　)。

    A. 正常返回被打开文件的文件指针,若执行 fopen 函数时发生错误,则函数返回 NULL

    B. 若找不到由 pname 指定的相应文件,则按指定的名字建立一个新文件

    C. 若找不到由 pname 指定的相应文件,且 mode 规定按读方式打开文件,则产生错误

    D. 为 pname 指定的相应文件开辟一个缓冲区,调用操作系统提供的打开或建立新文件功能

22. 利用 fwrite (buffer, sizeof(Student)，3, fp)函数描述不正确的是(　　)。

    A. 将 3 名学生的数据块按二进制形式写入文件

    B. 将由 buffer 指定的数据缓冲区内的 3* sizeof(Student)字节的数据写入指定文件

    C. 返回实际输出数据块的个数,若返回 0 值表示输出结束或发生了错误

    D. 若由 fp 指定的文件不存在,则返回 0 值

23. 利用 fread (buffer,size,count，fp)函数可实现的操作是(　　)。

    A. 从 fp 指向的文件中,将 count 字节的数据读到由 buffer 指出的数据区中

    B. 从 fp 指向的文件中,将 size*count 字节的数据读到由 buffer 指出的数据区中

    C. 以二进制形式读取文件中的数据,返回值是实际从文件读取数据块的个数 count

    D. 若文件操作出现异常,则返回实际从文件读取数据块的个数

24. 检查由 fp 指定的文件在读写时是否出错的正确形式为(　　)。

    A. feof()   B. ferror()   C. clearerr(fp)   D. ferror(fp)

25. 函数调用语句 fseek(fp, -10L, 2);的含义是(　　)。

    A. 将文件位置指针从文件末尾处向文件头的方向移动 10 字节

    B. 将文件位置指针从当前位置向文件头的方向移动 10 字节

    C. 将文件位置指针从当前位置向文件末尾方向移动 10 字节

    D. 将文件位置指针移到距离文件头 10 字节处

26. 以下可以作为文件打开函数 fopen 中的第一个参数的正确格式是(　　)。

    A. "file1.txt"   B. file1.txt   C. file1.txt,w   D. "file1.txt,w"

27. 若 fp 是指向某文件的指针,文件操作结束后,关闭文件指针应使用下列(　　)语句。

    A. fp=fclose();   B. fp=fclose;

    C. fclose;   D. fclose(fp);

28. 函数 rewind 的作用是(　　)。

    A. 使位置指针重新返回文件的开头

  B. 将位置指针指向文件中所要求的特定位置

  C. 使位置指针指向文件的末尾

  D. 使位置指针自动移至下一个字符的位置

29. 以下叙述中错误的是(　　)。

  A. C 语言中对二进制文件的访问速度比文本文件快

  B. C 语言中，随机文件以二进制代码形式存储数据

  C. 语句 FILE　fp; 定义了一个名为 fp 的文件指针

  D. C 语言中的文本文件以 ASCII 码形式存储数据

30. 以下与函数 fseek(fp,0L,SEEK_SET)有相同作用的是(　　)。

  A. feof(fp)　　　　B. ftell(fp)　　　　C. fgetc(fp)　　　　D. rewind(fp)

31. 当已存在一个 abc.txt 文件时，执行函数 fopen ("abc.txt", "r++")的功能是(　　)。

  A. 打开 abc.txt 文件，清除原有的内容

  B. 打开 abc.txt 文件，只能写入新的内容

  C. 打开 abc.txt 文件，只能读取原有内容

  D. 打开 abc.txt 文件，可以读取和写入新的内容

32. 若用 fopen()函数打开一个新的二进制文件，该文件可以读也可以写，则文件打开模式是(　　)。

  A. "ab+"　　　　B. "wb+"　　　　C. "rb+"　　　　D. "ab"

33. fread(buf,64,2,fp)的功能是(　　)。

  A. 从 fp 文件流中读出整数 64，并存放在 buf 中

  B. 从 fp 文件流中读出整数 64 和 2，并存放在 buf 中

  C. 从 fp 文件流中读出 64 字节的字符，并存放在 buf 中

  D. 从 fp 文件流中读出 2 个 64 字节的字符，并存放在 buf 中

34. 有代码片段如下:

```
FILE *fout; char ch;
fout=fopen("abc.txt",'w');
ch=fgetc(stdin);
while(ch!='#')
{
fputc(ch,fout);
ch =fgetc(stdin);
}
fclose(fout);
```

  出错的原因是(　　)。

  A. 函数 fopen 调用形式有误　　　　B. 输入文件没有关闭

  C. 函数 fgetc 调用形式有误　　　　D. 文件指针 stdin 没有定义

35. 以下叙述中不正确的是(　　)。

  A. C 语言中的文本文件以 ASCII 码形式存储数据

　　B. C 语言中对二进制位的访问速度比文本文件快

　　C. C 语言中，随机读写方式不使用于文本文件

　　D. C 语言中，顺序读写方式不使用于二进制文件

36. 使用 fseek 函数可以实现的操作是(　　)。

　　A. 改变文件位置指针的当前位置　　　　B. 文件的顺序读写

　　C. 文件的随机读写　　　　　　　　　　D. 以上都不对

二、判断题

1. 调用 fopen()函数打开一文本文件，在"使用方式"这一项中，为读取数据而打开可填入"r+"。　　　　　　　　　　　　　　　　　　　　　　　　　　　　　　（　　）

2. 根据数据的流向，文件操作包括输入操作和输出操作两种，feof 函数用在输入或读操作中。　　　　　　　　　　　　　　　　　　　　　　　　　　　　　　（　　）

3. C 语言的 fgetc()和 fread()两个函数都能够从文件中读取字符，当需要从二进制文件成批输入相同类型的数据时，应该使用 fgetc()函数。　　　　　　　　　　（　　）

4. C 语言中文件的存储方式可以是顺序存取，也可是随机存取。　　　　　（　　）

5. fscanf()函数的用法与 scanf()函数相似，只是它是从输入设备上读取信息。（　　）

6. feof()函数检测文件位置指示器是否到达了文件结尾，若不是则返回一个非 0 值；否则返回 0。　　　　　　　　　　　　　　　　　　　　　　　　　　　　　　（　　）

7. C 语言的数据文件分为文本文件和二进制文件两种。　　　　　　　　　（　　）

8. 当函数 fopen()打开文件失败时，函数值等于 NULL。　　　　　　　　　（　　）

9. 用 fclose()函数成功地关闭一个文件后，函数值等于非 0 值。　　　　　　（　　）

10. C 语言对文件的输入输出操作是通过函数实现的。有些函数可以处理所有文件，有些函数只能处理文本文件，有些函数只能处理二进制文件。fscanf 函数只能处理二进制文件。　　　　　　　　　　　　　　　　　　　　　　　　　　　　　　　　　（　　）

三、程序填空题

1. 以下程序将用户从键盘上随机输入的 30 名学生的学号、姓名、数学成绩、计算机成绩及总分写入数据文件 score.txt 中，假设 30 名学生的学号从 1～30 连续。输入时不必按学号顺序进行，程序自动按学号顺序将输入的数据写入文件。请填空。

```
#include<stdio.h>
#include<stdlib.h>
FILE *fp;
int main( )
{
    struct st
    { int number;
    char name[20];
    float math;
    float computer;
    float total;
```

```
    } student;
    int i,j;
    if( _____ ==NULL )
    {
        printf("file open error\n");
        exit(1);
    }
    for(i=0;i<30;i++)
    {
        scanf("%d,%20s,%f,%f",&student.number,
student.name ,&student.math,&student.computer);
        student.total=student.math+student.computer;
        j=student.number-1;
        _____
        if(fwrite(&student, sizeof(student), 1, fp) _____ )
            printf("write file error\n");
    }
    fclose(fp);
    return 0;
}
```

2. 下面的程序用来统计文件中字符的个数。请填空。

```
#include <stdio.h>
int main()
{
FILE *fp;
long num=0;
if(( fp=fopen("fname.dat","r"))==NULL)
{ printf( "Can"t open file! \n"); exit(0);}
while( _____ )
    { fgetc(fp); num++;}
printf("num=%d\n", num);
_____
return 0;
}
```

四、编程题

1. 一条学生的记录包括学号、姓名和成绩等信息。

(1) 格式化输入多条学生记录。

(2) 利用 fwrite 函数将学生信息按二进制方式写到文件中。

(3) 利用 fread 函数从文件中读出成绩并求平均值。

(4) 对文件按成绩排序，将成绩单写入文本文件中。

2. 编写程序统计某文本文件中包含句子的个数。

3. 编写函数实现单词的查找，对于已打开文本文件，统计其中包含某单词的个数。

4. 编写一个程序，由键盘输入一个文件名，然后把从键盘输入的字符依次存放到该文件中，用'#'作为结束输入的标志。

5. 编写一个程序，建立一个 abc 文本文件，向其中写入 "this is a test" 字符串，然后显示该文件的内容。

6. 编写一个程序，查找指定的文本文件中某个单词出现的行号及该行的内容。

7. 编写一个程序 fcat.c，把命令行中指定的多个文本文件链接成一个文件。

例如：

```
fcat file1 file2 file3
```

它把文本文件 file1、file2 和 file3 链接成一个文件，链接后的文件名为 file1。

8. 编写一个程序，将指定的文本文件中某单词替换成另一个单词。

附录 A Microsoft Visual C++ 6.0 使用手册

(1) Microsoft Visual C++ 6.0 集成开发环境(IDE)的运行主界面，如图 A.1 所示。

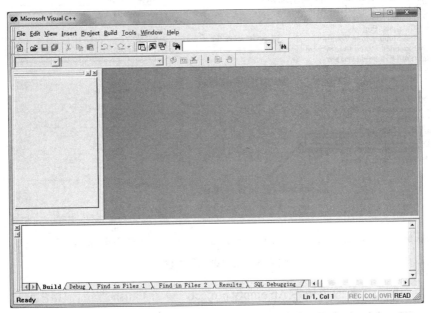

图 A.1 Microsoft Visual C++ 6.0 IDE 的主界面

(2) 选择 File→New 命令(对应的快捷键为 Ctrl+N)，创建新工程，如图 A.2 所示。

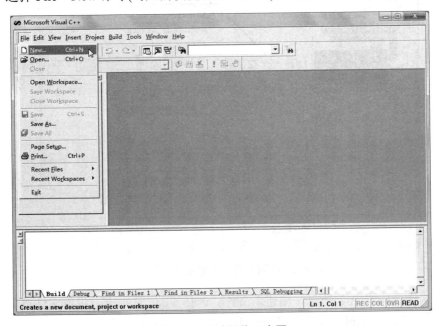

图 A.2 新建操作示意图

(3) 选择 Projects 选项卡，设定工程类型为 Win32 Console Application，为工程设定一个 Project name(工程名称)，根据需要修改工程的 Location(存储路径)，如图 A.3 所示。

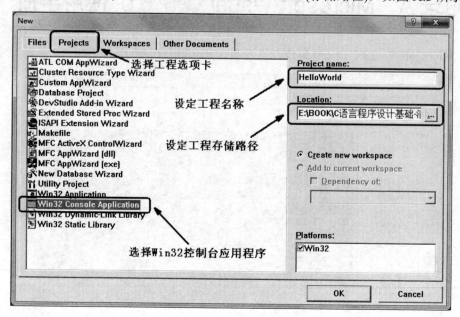

图 A.3　工程设定示意图

(4) 设定控制台工程的类型为 An empty project，单击 Finish 按钮，如图 A.4 所示。

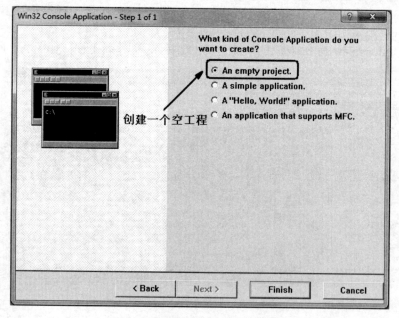

图 A.4　控制台程序类型设定示意图

(5) 再次操作如图 A.2 所示，创建新文件。选择 Files 选项卡，设定文件类型为 C++ Source File，在 File 文本框中为文件设定一个文件名，如图 A.5 所示。

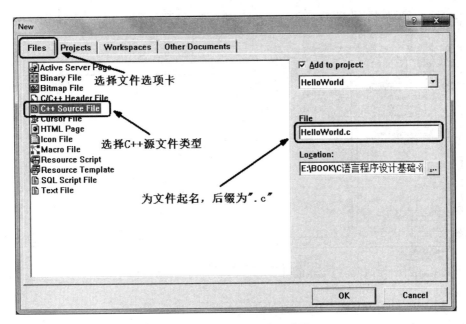

图 A.5　文件类型设定示意图

(6) Microsoft Visual C++ 6.0 集成开发环境(IDE)各功能区的划分界面，如图 A.6 所示。

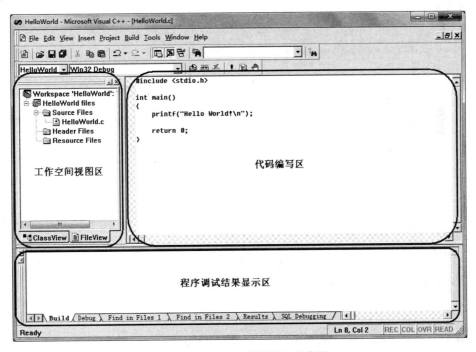

图 A.6　IDE 各功能区划分示意图

(7) 程序编写完成后，单击"编译"按钮(快捷键为 Ctrl+F7)，进行编译操作，生成 *.obj 文件，如图 A.7 所示。

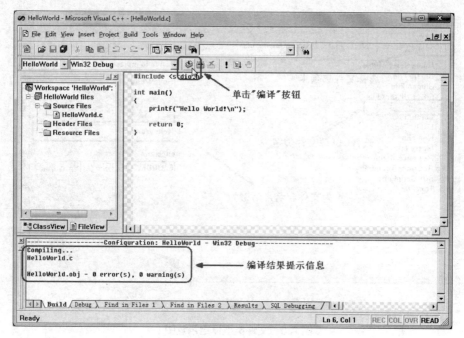

图 A.7　程序编译示意图

(8)　程序编译成功后，单击"链接"按钮(快捷键为 F7)，进行链接操作，生成*.exe 文件，如图 A.8 所示。

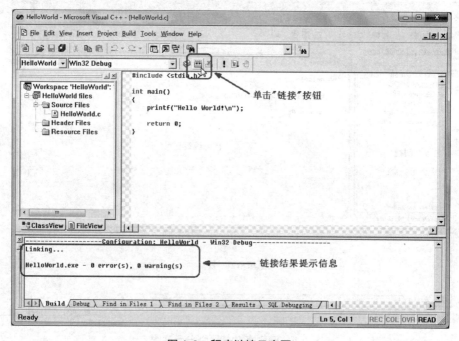

图 A.8　程序链接示意图

(9)　程序链接成功后，单击"执行"按钮(快捷键为 Ctrl+F5)，进行执行操作，如图 A.9所示。

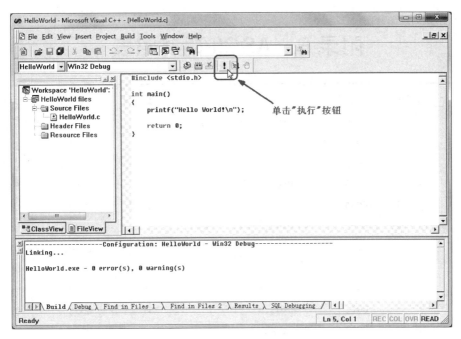

图 A.9　程序执行示意图

(10) 控制台应用程序的运行界面，如图 A.10 所示。

图 A.10　程序运行界面图

附录 B ASCII 码对照表

字 符	十 进 制	八 进 制	十六进制	字 符	十 进 制	八 进 制	十六进制
(nul)	0	0000	0x00	(sp)	32	0040	0x20
(soh)	1	0001	0x01	!	33	0041	0x21
(stx)	2	0002	0x02	"	34	0042	0x22
(etx)	3	0003	0x03	#	35	0043	0x23
(eot)	4	0004	0x04	$	36	0044	0x24
(enq)	5	0005	0x05	%	37	0045	0x25
(ack)	6	0006	0x06	&	38	0046	0x26
(bel)	7	0007	0x07	'	39	0047	0x27
(bs)	8	0010	0x08	(	40	0050	0x28
(ht)	9	0011	0x09	)	41	0051	0x29
(nl)	10	0012	0x0a	*	42	0052	0x2a
(vt)	11	0013	0x0b	+	43	0053	0x2b
(np)	12	0014	0x0c	,	44	0054	0x2c
(cr)	13	0015	0x0d	−	45	0055	0x2d
(so)	14	0016	0x0e	.	46	0056	0x2e
(si)	15	0017	0x0f	/	47	0057	0x2f
(dle)	16	0020	0x10	0	48	0060	0x30
(dc1)	17	0021	0x11	1	49	0061	0x31
(dc2)	18	0022	0x12	2	50	0062	0x32
(dc3)	19	0023	0x13	3	51	0063	0x33
(dc4)	20	0024	0x14	4	52	0064	0x34
(nak)	21	0025	0x15	5	53	0065	0x35
(syn)	22	0026	0x16	6	54	0066	0x36
(etb)	23	0027	0x17	7	55	0067	0x37
(can)	24	0030	0x18	8	56	0070	0x38
(em)	25	0031	0x19	9	57	0071	0x39
(sub)	26	0032	0x1a	:	58	0072	0x3a
(esc)	27	0033	0x1b	;	59	0073	0x3b
(fs)	28	0034	0x1c	<	60	0074	0x3c
(gs)	29	0035	0x1d	=	61	0075	0x3d
(rs)	30	0036	0x1e	>	62	0076	0x3e
(us)	31	0037	0x1f	?	63	0077	0x3f

字 符	十 进 制	八 进 制	十六进制	字 符	十 进 制	八 进 制	十六进制
@	64	0100	0x40	`	96	0140	0x60
A	65	0101	0x41	a	97	0141	0x61
B	66	0102	0x42	b	98	0142	0x62
C	67	0103	0x43	c	99	0143	0x63
D	68	0104	0x44	d	100	0144	0x64
E	69	0105	0x45	e	101	0145	0x65
F	70	0106	0x46	f	102	0146	0x66
G	71	0107	0x47	g	103	0147	0x67
H	72	0110	0x48	h	104	0150	0x68
I	73	0111	0x49	i	105	0151	0x69
J	74	0112	0x4a	j	106	0152	0x6a
K	75	0113	0x4b	k	107	0153	0x6b
L	76	0114	0x4c	l	108	0154	0x6c
M	77	0115	0x4d	m	109	0155	0x6d
N	78	0116	0x4e	n	110	0156	0x6e
O	79	0117	0x4f	o	111	0157	0x6f
P	80	0120	0x50	p	112	0160	0x70
Q	81	0121	0x51	q	113	0161	0x71
R	82	0122	0x52	r	114	0162	0x72
S	83	0123	0x53	s	115	0163	0x73
T	84	0124	0x54	t	116	0164	0x74
U	85	0125	0x55	u	117	0165	0x75
V	86	0126	0x56	v	118	0166	0x76
W	87	0127	0x57	w	119	0167	0x77
X	88	0130	0x58	x	120	0170	0x78
Y	89	0131	0x59	y	121	0171	0x79
Z	90	0132	0x5a	z	122	0172	0x7a
[	91	0133	0x5b	{	123	0173	0x7b
\	92	0134	0x5c	|	124	0174	0x7c
]	93	0135	0x5d	}	125	0175	0x7d
^	94	0136	0x5e	~	126	0176	0x7e
_	95	0137	0x5f	(Del)	127	0177	0x7f

附录 C　运算符的优先级及结合性

优先级	运 算 符	含　义	运算对象个数	结合方向
1	()	圆括号		自左向右
	[ ]	下标运算符		
	->	指向结构体成员运算符		
	.	结构体成员运算符		
2	!	逻辑非运算符	1 (单目运算符)	自右向左
	~	按位取反运算符		
	++	自增运算符		
	--	自减运算符		
	-	负号运算符		
	(类型)	类型转换运算符		
	*	指针运算符		
	&	取地址运算符		
	sizeof	长度运算符		
3	*	乘法运算符	2 (双目运算符)	自左向右
	/	除法运算符		
	%	求余运算符		
4	+	加法运算符	2 (双目运算符)	自左向右
	-	减法运算符		
5	<<	左移运算符	2 (双目运算符)	自左向右
	>>	右移运算符		
6	<　<= >　>=	关系运算符	2 (双目运算符)	自左向右
7	==	等于运算符	2 (双目运算符)	自左向右
	!=	不等于运算符		
8	&	按位与运算符	2 (双目运算符)	自左向右
9	^	按位异或运算符	2 (双目运算符)	自左向右
10	¦	按位或运算符	2 (双目运算符)	自左向右
11	&&	逻辑与运算符	2 (双目运算符)	自左向右

优　先　级	运　算　符	含　义	运算对象个数	结合方向
12	‖	逻辑或运算符	2 (双目运算符)	自左向右
13	? :	条件运算符	3 (三目运算符)	自右向左
14	= += −= *= /= %= >>= <<= &= ^= ¦=	赋值运算符	2 (双目运算符)	自右向左
15	,	逗号运算符 (顺序求值运算符)		自左向右

附录 D   常用库函数

1. 标准输入输出函数

当使用以下的输入输出函数时，应该使用#include <stdio.h>语句，把 stdio.h 头文件包含到源程序文件中。

函数形式	功　能	类　型
getch()	从控制台(键盘)读一个字符，不显示在屏幕上	int
putch()	向控制台(键盘)写一个字符	int
getchar()	从控制台(键盘)读一个字符，显示在屏幕上	int
putchar()	向控制台(键盘)写一个字符	int
getchar()	从控制台(键盘)读一个字符，显示在屏幕上	int
getc(FILE *stream)	从流 stream 中读一个字符，并返回这个字符	int
putc(int ch,FILE *stream)	向流 stream 写入一个字符 ch	int
getw(FILE *stream)	从流 stream 读入一个整数，错误返回 EOF	int
putw(int w,FILE *stream)	向流 stream 写入一个整数	int
fclose(handle)	关闭 handle 所表示的文件处理	FILE *
fgetc(FILE *stream)	从流 stream 处读一个字符，并返回这个字符	int
fputc(int ch,FILE *stream)	将字符 ch 写入流 stream 中	int
fgets(char *string,int n, FILE *stream)	从流 stream 中读 n 个字符存入 string 中	char *
fopen(char *filename,char *type)	打开一个文件 filename，打开方式为 type，并返回这个文件指针，type 可为以下字符串加上后缀	FILE *
fputs(char *string,FILE *stream)	将字符串 string 写入流 stream 中	int
fread(void *ptr,int size, int nitems,FILE *stream)	从流 stream 中读入 nitems 个长度为 size 的字符串存入 ptr 中	int
fwrite(void *ptr,int size, int nitems,FILE *stream)	向流 stream 中写入 nitems 个长度为 size 的字符串，字符串在 ptr 中	int
fscanf(FILE *stream, char *format[,argument,…])	以格式化形式从流 stream 中读入一个字符串	int
fprintf(FILE *stream, char *format[,argument,…])	以格式化形式将一个字符串写给指定的流 stream	int
scanf(char *format[,argument,…])	从控制台读入一个字符串，分别对各个参数进行赋值，使用 BIOS 进行输出	int
printf(char *format[,argument,…])	发送格式化字符串输出给控制台(显示器)，使用 BIOS 进行输出	int

2. 字符串函数

当使用以下的字符串函数时，应该使用#include <string.h>语句把 string.h 头文件包含到源程序文件中。

函数形式	功　　能	类　型
strcat(char *dest,const char *src)	将字符串 src 添加到 dest 末尾	char
strchr(const char *s,int c)	检索并返回字符 c 在字符串 s 第一次出现的位置	char
strcmp(const char *s1, const char *s2)	比较字符串 s1 与 s2 的大小，并返回 s1-s2	int
strcpy(char *dest,const char *src)	将字符串 src 复制到 dest	char
strdup(const char *s)	将字符串 s 复制到最近建立的单元	char
strlen(const char *s)	返回字符串 s 的长度	int
strlwr(char *s)	将字符串 s 中的大写字母全部转换成小写字母，并返回转换后的字符串	char
strrev(char *s)	将字符串 s 中的字符全部颠倒顺序重新排列，并返回排列后的字符串	char
strset(char *s,int ch)	将一个字符串 s 中的所有字符置于一个给定的字符 ch 中	char
strspn(const char *s1, const char *s2)	扫描字符串 s1，并返回在 s1 和 s2 中均有的字符个数	char
strstr(const char *s1, const char *s2)	扫描字符串 s2，并返回第一次出现 s1 的位置	char
strtok(char *s1,const char *s2)	检索字符串 s1，该字符串 s1 是由字符串 s2 中定义的定界符所分隔	char
strupr(char *s)	将字符串 s 中的小写字母全部转换成大写字母，并返回转换后的字符串	char

3. 数学函数

当使用以下数学函数时，应该使用#include <math.h>语句把 math.h 头文件包含到源程序文件中。

函数形式	功　　能	类　型
abs(int i)	求整数的绝对值	int
fabs(double x)	返回浮点数的绝对值	double
floor(double x)	向下舍入	double
fmod(double x, double y)	计算 x 对 y 的模，即 x/y 的余数	double
exp(double x)	指数函数	double
log(double x)	对数函数 ln(x)	double
log10(double x)	对数函数 log	double

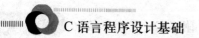

续表

函数形式	功　能	类　型
labs(long n)	取长整型绝对值	long
modf(double value, double *iptr)	把数分为指数和尾数	double
pow(double x, double y)	指数函数(x 的 y 次方)	double
sqrt(double x)	计算平方根	double
sin(double x)	正弦函数	double
asin(double x)	反正弦函数	double
sinh(double x)	双曲正弦函数	double
cos(double x);	余弦函数	double
acos(double x)	反余弦函数	double
cosh(double x)	双曲余弦函数	double
tan(double x)	正切函数	double
atan(double x)	反正切函数	double
tanh(double x)	双曲正切函数	double

4. 字符函数

当使用以下的字符函数时，应该使用#include <ctype.h>语句把 ctype.h 头文件包含到源程序文件中。

函数形式	功　能	类　型
isalpha(int ch)	若 ch 是字母('A'～'Z'，'a'～'z')返回非 0 值，否则返回 0	int
isalnum(int ch)	若 ch 是字母('A'～'Z'，'a'～'z')或数字('0'～'9')返回非 0 值，否则返回 0	int
isascii(int ch)	若 ch 是字符(ASCII 码中的 0～127)返回非 0 值，否则返回 0	int
iscntrl(int ch)	若 ch 是作废字符(0x7F)或普通控制字符(0x00～0x1F)返回非 0 值，否则返回 0	int
isdigit(int ch)	若 ch 是数字('0'～'9')返回非 0 值，否则返回 0	int
isgraph(int ch)	若 ch 是可打印字符(不含空格)(0x21～0x7E)返回非 0 值，否则返回 0	int
islower(int ch)	若 ch 是小写字母('a'～'z')返回非 0 值，否则返回 0	int
isprint(int ch)	若 ch 是可打印字符(含空格)(0x20～0x7E)返回非 0 值，否则返回 0	int
ispunct(int ch)	若 ch 是标点字符(0x00～0x1F)返回非 0 值，否则返回 0	int
isspace(int ch)	若 ch 是空格(' ')、水平制表符('\t')、回车符('\r')、走纸换行('\f')、垂直制表符('\v')、换行符('\n')，返回非 0 值，否则返回 0	int
isupper(int ch)	若 ch 是大写字母('A'～'Z')返回非 0 值，否则返回 0	int
isxdigit(int ch)	若 ch 是十六进制数('0'～'9'，'A'～'F'，'a'～'f')返回非 0 值，否则返回 0	int
tolower(int ch)	若 ch 是大写字母('A'～'Z')返回相应的小写字母('a'～'z')	int
toupper(int ch)	若 ch 是小写字母('a'～'z')返回相应的大写字母('A'～'Z')	int

参 考 文 献

[1] 谭浩强. C 程序设计(第四版)[M]. 北京：清华大学出版社，2010.

[2] Brian W.Kernighan,Dennis M. Ritchie. C 程序设计语言(英文版.第 2 版)[M]. 北京：机械工业出版社，2006.

[3] Kenneth A.Reek. C 和指针[M]. 徐波，译. 北京：人民邮电出版社，2008.

[4] 李春葆. 数据结构教程(第 4 版)[M]. 北京：清华大学出版社，2015.

[5] 明日科技. C 语言经典编程 282 例[M]. 北京：清华大学出版社，2012.

[6] 未来教育教学与研究中心. C 语言从入门到精通[M]. 北京：电子科技大学出版社，2016.

[7] 谭浩强. C 程序设计(第五版)学习辅导[M]. 北京：清华大学出版社，2017.

[8] Stephen Prata. C Primer Plus 第 6 版 英文版(上册)[M]. 北京：人民邮电出版社，2016.

[9] Stephen Prata. C Primer Plus 第 6 版 英文版(下册)[M]. 北京：人民邮电出版社，2016.

[10] Ivor Horton. C 语言入门经典(第 5 版)[M]. 杨浩，译. 北京：清华大学出版社，2013.

[11] 戴晟晖. 从零开始学 C 语言(第 3 版)[M]. 北京：电子工业出版社，2017.

[12] K. N. King. C 语言程序设计现代方法(第 2 版)[M]. 吕秀锋，译. 北京：人民邮电出版社，2010.

[13] 明日学院. C 语言从入门到精通(项目案例版)[M]. 北京：水利水电出版社，2010.

[14] Andrew Koenig. C 陷阱与缺陷[M]. 高巍，译. 北京：人民邮电出版社，2010.

[15] Steve Summit. 你必须知道的 495 个 C 语言问题[M]. 孙云，译. 北京：人民邮电出版社，2016.